改訂新版

JN029032

日本の農と食を学ぶ

中級編

日本農業検定**2**級対応

農畜産物の食料自給率

食料自給率が **高い**　　　食料自給率が **低い**

99%

イネ

15%

コムギ

102%

ミカン

49%
(6%)

豚肉*

95%

サツマイモ

6%

ダイズ

（資料：農林水産省「2022年度食料需給表」）

＊豚肉の自給率は重量ベースでは49％だが、飼料自給率を考慮したカロリーベース自給率では6％になる。

野菜の生育管理

すじまき

定植

間引き

摘芽

誘引

収穫

はじめに

現在、我が国では農業への関心が高まっております。

農業に関する理解を一層促進するため、「農」に関わる基礎的な知識を習得出来る機会を提供していくことが極めて重要だと考え、これによって農業に対する理解を深め、やがて多くの皆さんに「良き農業の理解者・応援団」になっていただきたいとの思いで、「日本農業検定」を実施しております。

中級（2級）では初級（3級）のプランター栽培から、その規模を体験農園・市民農園・家庭菜園に広げて栽培する知識を習得するとともに、それらに関する農業全般に関する知識や環境問題、食に関する知識の習得を目指しています。

ぜひ、このテキストで学んで、中級（2級）に挑戦していただきたいと思います。そして、検定試験後「農」に関する興味がますます湧き、さらに自分自身を高めたいと思った方は、日本農業検定上級（1級）という次のステップへと進んでいただきたいと思います。

この検定を通して、多くの方が農業への理解を深め、将来様々なかたちで農業の担い手や応援団になっていただく事を期待するとともに一人一人が食の安全や安心について、高い関心と必要な知識を持っていただくことを切に願っております。

2024年4月
日本農業検定 事務局

日本農業検定 2 級概要

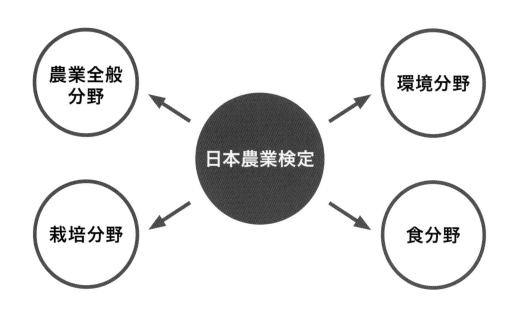

1. 出題範囲

「農業全般」「環境」「食」「栽培」の出題範囲は下表のとおりです。

分　野	出題範囲
農業全般分野	農業とはなにか／世界の食料農業事情／日本農業の現状／農畜産物の需給状況／農業・農村の多面的機能／地域農業の動向／スマート農業への技術革新
環境分野	生態系の基礎知識／地球規模の環境問題／農業の環境への負荷／農業が守る自然環境／環境にやさしい生活
食分野	食生活と健康／日本の伝統的食生活／食の表示と安全／日本人と食の実態／調理の基本／食品調理・加工と保存
栽培分野	植物の成長／栽培環境の管理／栽培作業の基礎／サツマイモ・ダイコン・ネギ・トマトなど、2 級で取り扱う作物（18 品目）の栽培

2. 問題数

「農業全般」「環境」「食」「栽培」の 4 分野から 70 問を出題します。

日本農業検定2級実施要領

1．出題範囲

このテキストより出題されますが、一部、初級（3級）テキストからも出題されます。

2．受験資格

特にありません。どなたでも受検できます。

3．問題数・解答時間・解答方法

検定問題数：「農業全般」「環境」「食」「栽培」の4分野から70問

解答時間　：70分

解答方法　：4者択一方式にてパソコンまたはマークシートによる解答方法

4．会場・試験日・受検料

※詳細は日本農業検定のホームページでご確認ください（https://nou-ken.jp）

種別	会場	試験日	受検料（2024年度現在）	
個人受検	CBT会場	1月上旬〜中旬	4,900円	
団体受検（学校）	実施団体が準備・提供した会場	1月上旬〜中旬	• 小・中学生 • 高校生 • 大学・専門学校 • 特別支援学校（小中学部） • 特別支援学校（高等部）	1,800円 2,000円 2,500円 1,800円 2,000円
団体受検（その他団体）	実施団体が準備・提供した会場	1月上旬〜中旬	4,000円	

5．合格基準

正答率60％以上。問題の難易度により若干調整を行う場合があります。

6．申込期間

日本農業検定ホームページでご確認ください。

7．申込方法

日本農業検定ホームページから申し込む。

8．試験結果

試験実施年度の2月末に結果を郵送します。

9．実施主体

一般社団法人　全国農協観光協会　（日本農業検定事務局）

〒101-0021　東京都千代田区外神田1-16-8　GEEKS AKIHABARA 4階

TEL：03-5297-0325　　FAX：03-5297-0260

ホームページ：https://nou-ken.jp

目　次

1. 農業全般分野

農業とはなにか

世界の食料農業事情

日本農業の現状

農畜産物の需給状況

農業・農村の多面的機能

地域農業の動向

スマート農業への技術革新

2. 環境基礎分野

生態系の基礎知識

地球規模の環境問題

農業の環境への負荷

農業が守る自然環境

環境にやさしい生活

3. 食の基礎分野

食生活と健康

日本の伝統的食生活

農業全般分野

農業のあゆみと基本

農業とは？

農業は、土地や太陽エネルギーを活かし、田畑で穀物や野菜、家畜などを育て、私達の生命を支える食料を生産するほか、医薬品の原料や衣料・住居の素材など人々の生活必需品を生産する産業である。

野生植物の栽培化

直立2足歩行の原始人類が誕生した約500万年前以来、人類は野山での山菜や木の実の採集、野生鳥獣の狩猟、川や海での漁労によって生活してきた。人類が約1万年前に新たに農耕社会に入ったのは、最終氷河期が終わって、地球上の気候が温暖になり、定住して身の周りで食料を確保する環境に変化したことにあると考えられている。

◆野生イネと栽培イネ　日本をはじめ世界各地で主食となっている「栽培イネ」は、熱帯アジアの「野生イネ」（図1）に由来しているといわれている。野生イネは、広く開いた形の穂をもち、種子（籾）の先端には長い針状の芒（のぎ）も付いていて、風などで脱粒・飛散しやすく、収穫量が少なかった。

イネの栽培は約1万年前に中国の長江流域で始まったとされていたが、2012年に国立遺伝学研究所の倉田教授らがイネのゲノム（遺伝情報）を解読し、栽培化は中国の珠江流域だと発表しており、起源はまだ確定されていない。栽培化が始まってからは、成熟した種子が落ちにくいイネを選びながら、非脱粒性のイネに改良してきたと考えられている。

穀物栽培の広がり

穀物は植物の種子であり、その多くは硬い殻に覆われている。人間にとっては、栄養価も高く、必要なときまで保存できて、好きなときに加工して食べることができ、貯蔵だけでなく輸送にも便利である。

穀物栽培の広がりは人口の増加、都市の誕生をもたらし各地に文明を生み出す要素となった。

穀物は世界中の大半の地域において食料の中心部分を占めていて、現在、特に生産量の多いトウモロコシ・コムギ・米は、世界三大穀物❶と呼ばれている。

縄文時代以降の日本の農業

1990年代に進められた青森市の三内丸山遺跡の発掘調査とその後の研究により、クリの栽培など縄文時代にも原始的な農耕が行われていたことが明らかとなり、縄文の時代像は大きく変わった。

居住域の周辺では豆類やゴボウなどの栽培を行い、その外側ではクリやクルミなどの堅果類を育て、その周辺からは薪炭などに使う材料を集め、さらにその外側は狩場となる自然林が広がり、自然と共生していたことがわかってきた。

図1　アジアの野生イネ　　　（写真提供：石井尊生）

---

❶世界三大穀物の生産量：トウモロコシ・12.2億万t弱、コムギ・7.8億万t、米（精米）・5.2億万t弱（米国農務省2022.11発表）（2021/2022見込み）

縄文時代の農業は、人が生活している土地で、その土地や環境の中で、最も育ちやすい作物や家畜を育てる、いわゆる適地適作を基本にしていた。

その点では縄文時代の農業は、現代でいうところの地産地消を実現していたともいえる。

土地を切り開き、耕し、灌漑設備をつくるといった農耕段階に進むのは、紀元前3〜5世紀に始まったとされる弥生時代に水田稲作が定着した時で、稲作に適した土地を奪い合うなど、土地を争う時代の始まりでもあった。

1591年に豊臣秀吉が打ち出した身分統制令によって、農民は農業以外の仕事を禁じられ、武士は農民や商人になることを禁じられた。農民が生産した米や農産物は年貢として都会に運ばれ、また、商品として取引されるようになり、農業は地産地消から離れていった。

明治時代になると、欧米の技術が導入されて農業の近代化が進み、第二次世界大戦後の約20年間で米の生産量❷は飛躍的に伸びたが、次第に食生活の多様化などで、米離れが起こった。

適地適作で安定生産へ

農業の基本的な役割は、人々の生命を支える食料である農産物の安定生産にある。農産物を安定的に生産するために、農家は昔からそれぞれの地域で工夫を続けてきた。地域によって気候や土壌条件などの環境が変わり、育てやすい農産物は変わってくる。その地域で栽培しやすい作物を育てることを「適地適作」といい、無理なく農業を行なう基本として昔から言い伝えられてきた。育てにくい時期や地域で新しい農産物を栽培する努力も大切なことだが、食料の安定的な生産のためには「適地適作」が基本である。

環境を保全し農作物を健全に

農作物を取りまく環境にはそれらを害する病害虫や雑草とともに有益な受粉昆虫、病害虫の天敵昆虫や微生物、さらには益も害しない虫な

どが多数存在している。現在の農作物は多収や食味の良さなど、人の利用目的に沿うように改良されてきた結果、野生種よりも病害虫への抵抗性が弱くなっている傾向がある。環境を保全しながら、農作物を健全に育て、その能力を最大限に発揮させる栽培管理が大切である。

地産地消の豊かさを大切に

「地産地消」とは、地域生産・地域消費の略語で、地域の生産物をその地域で消費することであるが、それに加えて、生産者と消費者の結びつきを強める取り組みでもある。長く地域でつくられ食べられてきた農産物の価値には、生産性や経済性など効率のものさしでは測れない「地域文化」としての価値がある。地域にはその地域の自然と人間との長いかかわりによってもたらされてきた地域固有の食材と、それを活かした地域の食べ方（伝統的な食文化）がある。長野県野沢温泉村特産の在来カブ菜品種・野沢菜（図2）は、江戸時代に京都から導入されて以来これまで選抜採種を繰り返して地域の風土に合うものに育てられ、野沢菜漬けとして新漬けから古漬けまでを楽しむ郷土の冬の味になっている。ほかにも、九条ねぎや伏見とうがらしなどの京野菜や金時草や源助ダイコンなどの加賀野菜など、全国各地に伝統食材があり、伝統の食文化が受けつがれている。「地産地消」は地域に根付いた食の豊かさを守り、地域農業を支える大切な取り組みである。

図2　長野県県北の地方在来野菜・野沢菜
260年間、守られてきた漬け菜　　　（写真提供：長野県農政部）

❷米の生産量：1945（終戦）年産：582万t、1967年産：1,426万t、2022年産：727万t

穀物需要の増加が進む2つの要因

増え続ける世界人口

　世界の穀物需要量は毎年増加している。その理由の1つは、世界人口の増加である。日本は2008年の1億2800万人をピークに人口が減少しているが、世界全体ではアジア・アフリカを中心に増え続けている。

　国連の人口推計2022年版によると、世界人口は2022年に80億人に達し、2037年には90億人を超えると見込まれている。

　人口が増加すると、食料の需要は拡大する。世界の穀物需要量は21世紀に入り、途上国の人口増加、所得水準の向上等に伴いほぼ毎年のように過去最高を記録し続けている。2022/23年度は、2000/01年度に比べ1.5倍の水準に増加している。一方、生産量はおもに単収の伸びにより需要量の増加に対応して増減産を繰り返しながら伸びてきている（図1）。

飼料穀物の需要増大

　穀物需要量が増加している2つ目の理由は、穀物（おもにトウモロコシやオオムギなど）の畜産飼料への利用が拡大していることである。

◆**家畜飼養頭数の増加**　中国やインドなど新興国の経済が成長し、所得が増えて食生活も変わり、食肉の需要量が増えてきている。そのため家畜の飼養頭数が増加し、家畜の飼料に使う穀物の需要が伸びてきた。このことが穀物需要量全体を押し上げている。

◆**食肉生産方式の変化**　飼料穀物の需要量が増えているのは、食肉の生産方式の変化も原因になっている。

　小規模の農家が野菜クズや残飯など自給飼料を給与する「自給型畜産」だった中国でも2000年代に急速な経済成長が進み、大規模畜舎の中で購入飼料を与えて多頭飼育する「加工型畜産❶」に変わってきている。

　購入する配合飼料の原料にトウモロコシは欠かせない。中国におけるトウモロコシの自給率は2009年までは100％を上回っており、当時は生産余剰分を輸出する純輸出国であった。しかし、2010年以降は輸入量が急増し純輸入国となっており、2021年の輸入量は2835万tと、前年の2.5倍となっている。

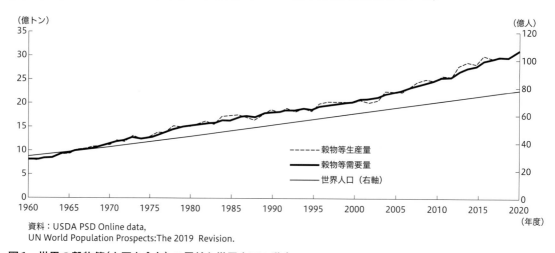

資料：USDA PSD Online data,
UN World Population Prospects:The 2019 Revision.

図1　世界の穀物等（大豆を含む）の需給と世界人口の動向

❶輸入穀物などの購入飼料に依存する畜産の呼称。

世界の食料農業事情

穀物需給の不安定化

穀物生産減少への懸念

穀物需給は、世界人口の増加、開発途上国の経済発展にともなう畜産物の需要増加、異常気象の頻発、水資源の制約による生産量の減少などの要因によって逼迫する可能性がある。

◆**極端な気象現象**　地球温暖化などが原因となり、雨が多い地域ではより多雨（洪水）となり、乾燥地帯ではより干ばつが進んでいる。また、台風の常襲地では海水温の上昇で大型台風が頻発するなどの極端な気象現象が発生していると指摘されている。いま世界では「地球温暖化の進行で穀物生産量が減少し、世界的な食糧危機を招きかねない」（2014年「気候変動に関する政府間パネル（IPCC）第5次評価報告書」）と警告されている（→ p.32「地球の温暖化の原因と対策」参照）。

◆**水資源の制約**　それに加えて世界各地で水資源の制約（枯渇）が深刻化している。アメリカ、中国、インドなどの降雨量の少ない半乾燥地帯に広がる穀倉地帯（トウモロコシ・コムギ・ダイズなどの産地）では、灌漑のための過度の地下水汲み上げによって、井戸に頼った灌漑水が枯渇し、安定生産が困難になる危険性が高まっている。

穀物価格高騰への流れ

前項に記したように気候変動が穀物の生産量の増減に影響を与えることから、穀物価格の高騰が心配されている。

さらに、輸入国同士の競合も激しさを増している。中国やインドなど新興国の需要が拡大し、これまでのように海外の産出国から「余剰穀物」として安く買えた時代は終わり、余剰の分け合いから争奪戦の時代に変わったといわれ

ている。

また、開発途上国の経済成長により畜産物への需要が高まり、肉類の生産に多くの穀物を飼料として給与されることが見込まれている。穀物の需給を地域別に見ると、北米からの純輸出量が最も多く、欧州は増加傾向にあり、アフリカ・アジア・中東といった人口増加率が高い地域で純輸入量が増加する見込みである。

穀物の国際価格は2012年以降の世界的な豊作等により低下していたが、2020年と翌年の各地の乾燥や中国の需要増、2022年のウクライナ情勢で2008年以前を上回る高い水準になっている。

日本の食料安全保障への取り組み

2018年度の"飼料用を含む穀物自給率（重量ベース）が29%と世界のなかでも最低ランクの日本は、穀物需給の不安定化に立ち向かうために、国は2020年の食料・農業・農村基本計画に基づいた「総合的な食料安全保障の確立」を目指して、以下の取り組みに力を入れている。

①**国内の農業生産の拡大**：主食用米の多様な需要に応えながら、水田を活用して戦略作物（麦、ダイズ、飼料用米など）の増産を定着させる。

②**安定的な輸入の確保**：輸入相手国が特定の国に片寄っていると、相手国の事情によって輸入が滞る心配があるので、輸入相手国との良好な関係を強化し、輸入相手国の多角化を図る。

③**備蓄への取り組み**：国では米やコムギ、飼料穀物等について備蓄の取り組みをしている。例えば、米は適正備蓄水準❶を毎年"6月末時点での在庫量を100万t"として必要な備蓄を行なっている。また、各家庭にも食料品の備蓄を呼びかけている。

---

❶ 10年に1度の不作や通常程度の不作が2年連続した事態に国産米で対処できる水準のこと。

農家戸数と農業従事者数の推移

農家の分類と農家戸数の推移

　農林水産省では以下のように定義している。

①**農家**：経営耕地面積が10a以上又は農産物販売金額が15万円以上の世帯。

②**販売農家**：経営耕地面積が30a以上又は農産物販売金額が50万円以上の農家。

③**自給的農家**：経営耕地面積30a未満かつ農産物販売金額が50万円未満の農家。

④**専業農家**：兼業従事者が1人もいない農家。

⑤**兼業農家**：兼業従事者が1人以上いる農家。

⑥**土地持ち非農家**：農家以外で耕地及び耕作放棄地を5a以上所有している世帯。

　農林水産省の調査によれば、1995年には265.1万戸あった販売農家戸数は、年々減少を続け2020年には102.8万戸と、25年で約40％に減少した（図1）。

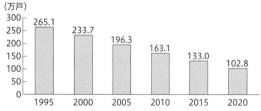

（万戸）

図1　販売農家戸数の推移
（資料：農林水産省「農林業センサス」、「農業構造動態調査」）

農業従事者数の推移

　農林水産省では以下のように定義している。

①**農業就業人口**：農業従事者❶のうち自営農業のみに従事する者又は農業とそれ以外の仕事のうち自営農業が主の者。

②**基幹的農業従事者**：農業就業人口のうち、ふだん仕事として自営農業に従事している者。

　基幹的農業従事者は1995年には256.0万人だったが、2022年には122.6万人に半減した。また、平均年齢は59.6歳から68.4歳へと約9歳高くなり、65歳以上の割合は39.7％から70.1％へと高齢化が進んでいる。

新規就農者の動向

　農業従事者の高齢化が進んでいるが、持続的で力強い農業を実現するためには、新たに農業に就く新規就農者の参加が望まれている。

　2022年の新規就農者は4.6万人となった。また、49歳以下の新規就農者も2022年には1.7万人（新規就農者全体の37％）と、近年は2万人を割り込み減少傾向が続いている。

【新規就農者の就農形態とその動向】

　農林水産省では、調査期日前1年間の状態で、新規就農者を次の3つに分けている。

①**新規自営農業就農者**：個人経営体（法人は含まない）の世帯員で、生活のおもな状態が、「学生」または「他に雇われて勤務が主」だった者が「自営農業への従事が主」となった者をいう。

　2022年：3.1万人（49歳以下：6.5千人）

②**新規雇用就農者**：新たに法人などに常雇い（年間7ヵ月以上）として雇用されることにより、農業に従事されることになった者をいう。ただし、外国人技能実習生及び特定技能で受け入れた外国人並びに雇用される直前の就業状態が農業従事者であった場合を除いている。

　2022年：1.1万人（49歳以下：7.7千人）

③**新規参入者**：土地や資金を独自に調達し、新たに農業経営を開始した経営の責任者及び共同経営者を言い、相続・贈与などにより親の農地を譲り受けた場合を除いている。「共同経営者」とは夫婦がそろって就農、あるいは複数の新規就農者が法人を新設して共同経営を行なっている場合における、経営の責任者の配偶者、又はその他の共同経営者をいう。

❶15歳以上の世帯員のうち、調査期日前1年間に自営農業に従事した者。

農地と荒廃農地

減少が続く耕地面積

日本の耕地面積は、近年ゆるやかな減少傾向にある。2023年における耕地面積は、耕地の荒廃、宅地への転用などを受け、前年に比べて約3万ha減少し、430万haとなった（図1）。

荒廃農地の広がり

荒廃農地とは現に耕作に供されておらず、耕作の放棄により荒廃し、通常の農作業では作物の栽培が客観的に不可能となっている農地のことで、2021年の荒廃農地面積は26.0万haであった。

農林水産省の2021年「荒廃農地対策に関する実態調査」によると荒廃農地となる理由は、次のようなものが多かった。

- 土地について：「山あいや谷地田などの自然条件が悪い」の割合が高く、特に中山間地域ではその割合が高い。
- 所有者について：「高齢化、病気」が最も多く、次いで「労働力不足」の割合が高い
- その他：「鳥獣による被害」「農産物販売の低迷」「農業機械の更新」の割合も高い。

荒廃農地解消への対策

荒廃農地の発生防止と解消のために農林水産省は様々な対策をとっているが、おもなものとしては下記のような取り組みがある。

①地域の共同活動を通じて地域の活性化を図る。
②荒廃農地を再生し、鳥獣害被害の防止を図る。カロリーベース
③農地中間管理機構を活用する（後述）。
④圃場整備事業で農地の整備を行なう。
⑤荒廃農地を再生し、新規就農者の参入を促す。

◆**農地中間管理機構（農地バンク）**　都道府県に設置された農地中間管理機構が、土地持ち非農家も含めて後継者のいない農地や再生可能な耕作放棄地❶を借り受けて集め、大きな区画に整備して、規模を拡大したい農業経営者に貸し出す仕組みで、公的な機関が仲立ちして、担い手への農地の集積・集約化を図る制度である。農地利用の再分配が適正に行なわれ、地域農業の振興につながることが期待されている。

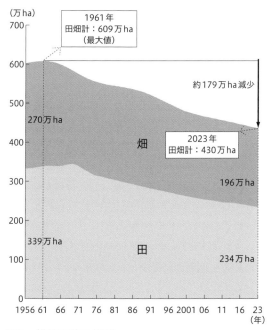

図1　耕地面積の推移
（資料：農林水産省「耕地及び作付面積統計」）

❶以前耕作していた土地で、過去1年以上作物を作付けせず、土地所有者が、この数年の間に再び作付けする考えのない土地。

食料自給率とは

総合食料自給率

　食料自給率は、国内で消費される食料のうち、国内生産でどの程度まかなえているかを示す指標で、「総合食料自給率」と「品目別自給率」とがある。

　総合食料自給率は次の２つの表し方がある。

◆カロリーベース総合食料自給率　国民に供給される食料の重量を熱量（カロリー）に換算して、国民１人１日に供給される熱量全体のうち国産品でまかなわれている熱量の割合。

◆生産額ベース総合食料自給率　食料の重量を金額に換算して、国内で消費されている金額のうち、国内で生産されている金額の割合。

　この２つの総合食料自給率のうち、日本では"カロリーベース"を使うことが多いが、世界では"生産額ベース"を使う国も多い。"カロリーベース"は国民が生きるためのカロリーを国産品でどのくらい確保できているかを見るのにはわかりやすい。これに対して国の経済を考えるうえでは"生産額ベース"の方が良いといわれている。カロリーベースの自給率と生産額ベースの自給率は国によって大きく違っている。

図1　日本の総合食料自給率

品目別自給率

　食料の品目別自給率は、重量ベースで、次の計算式で算出される。

品目別自給率＝

$$\frac{各品目の国内生産量（重量）}{各品目の国内消費仕向量（重量）} \times 100$$

◎おもな品目の自給率（%）2022年度（概算）
◆自給率の高い品目

うんしゅうみかん102、米99（うち主食用100）、きのこ類89、野菜79、芋類70

◆自給率の低い品目

ダイズ6、オオムギ・ハダカムギ12、コムギ15、砂糖類34、油脂類14

◆畜産物

　畜産物の品目別自給率は次の２通りの方法で求められている。

①飼料自給率を考慮しない場合の畜産物の自給率

　家畜に与えた飼料が国内産か輸入飼料かを問わず生産された畜産物の量だけで考える。

　2022年度は豚肉の国内消費量（重量）のうち、国内で生産された豚肉の量は49%だったので豚肉の①の自給率は49%であった。

②飼料自給率を考慮した場合の畜産物の自給率

　家畜に与えた飼料のうち国内産の飼料だけで生産された畜産物の量で考える。

　2022年度に豚に与えた飼料のうち、国内産の飼料の自給率は12%だったので、国内で生産された豚肉のうち、12%だけが国内産の飼料で生産されたと考える。①で2022年度の国内で生産された豚肉の自給率は49%だったので、そのうちの12%が国内産の飼料で生産された豚肉として考えると、49%のうちの12%（49×0.12＝6）、すなわち6%が2022年度の②の場合の豚肉の自給率である。

食料自給率の推移

昭和の急落・平成の低迷

　日本の食料自給率（カロリーベース）は、1965年の73％から大きく低下し、1998年には40％となり、その後は、ほぼ横ばいで推移している（図1）。

　自給率が長期的に低下してきたのは、生産しやすい米の消費が低下し、飼料を海外に依存している畜産物や原料を海外に依存している油脂類の消費量が増えてきたことが主な原因となっている。1993年に、自給率が37％に急落しているのは、この年が記録的な冷夏となり平成の大冷害で米不足となったためである。

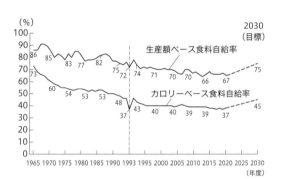

図1　日本の食料自給率の長期的推移と目標
注：主食用穀物自給率は、米、コムギ、オオムギ・ハダカムギの合計について、国内生産量から国内産の飼料仕向量を、国内消費仕向量から飼料仕向量全体をそれぞれ控除して算出。
（資料：農林水産省「令和4年度　食料自給率・食料自給率指標について」）

食料自給率の目標

　食料自給率については、食料・農業・農村基本法に基づいて策定される5年ごとの「食料・農業・農村基本計画」において、その目標が定められている。2020年3月に策定された基本計画においては、食料自給率を2030年度にカロリーベースで45％、生産額ベースで75％にするとの目標が設定された（図1）。

　図2から、諸外国に比べて日本の食料自給率

の低さがよくわかる。2030年度の目標を達成した場合には、生産額ベースではドイツ、イギリス、スイスを超えるが、カロリーベースでは諸外国に依然として追い付けない状態である。

食料国産率

　食料国産率は、2020年3月に閣議決定された食料・農業・農村基本計画で位置付けられた指標である。日本の畜産業が輸入飼料を多く用いて高品質な畜産物を生産している実態に着目し、日本の食料安全保障の状況を評価する総合食料自給率とともに、飼料が国産か輸入かにかかわらず、国内生産の状況を示している。総合食料自給率が飼料自給率を考慮して計算しているのに対し、食料国産率では飼料自給率を考慮しないで算出している。つまり、輸入飼料を使った生産分を含んでいる。

2022年の生産額ベースの食料国産率＝

$$\frac{飼料自給率を考慮しないで算出された食料の国内生産額（11.5兆円）}{食料の国内仕向額（127.7兆円）}＝65\%$$

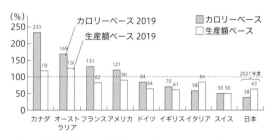

資料：農林水産省「食料需給表」、FAO"Food Balance Sheets"等を基に農林水産省で試算。（アルコール類等は含まない）
注1：数値は暦年（日本のみ年度）。スイス（カロリーベース）及びイギリス（生産額ベース）については、各政府の公表値を掲載。
注2：畜産物及び加工品については、輸入飼料及び輸入原料を考慮して計算。

図2　日本と世界の食料自給率比較
（日本以外は2019年のデータ）

農畜産物の需給状況

米

減少が続く米の消費量

2021年の米の産出額は1兆3699億円で農業総産出額（8兆8384億円）の15%を占めている。

主食用の米の年間需要量（1人当たり消費量に人口をかけ合わせたもの）は2011/2012年に813万tだったが、2021/2022年には702万tとなり、10年で111万t（14%）減少した。これは米の1人当たりの年間消費量が2011年度の57.8kgから2021年度の51.4kgと10年で6.4kg（11%）減ったことに加えて、人口がこの間に約230万人減ったことも影響している。

また、2008年産の主食用米の作付け面積は159.6万ha、生産量は866万tと需要量を大きく超えていたが、2015年3月に策定された食料・農業・農村基本計画によって、主食用米の生産を抑え、優れた生産装置の水田を活用した戦略作物として飼料用米、米粉用米、麦、豆などの生産拡大を図った結果、2022年産の主食用米の作付け面積、生産量はそれぞれ125.1万ha、670.3万tに減少した。

表1　主食用米の需要と生産

主食用米の年間需要量（7月〜翌6月）

2008/09年	824万t
2013/14年	787万t
2021/22年	702万t

主食用米作付け面積

2008年産	160万ha
2013年産	150万ha
2018年産	139万ha
2022年産	125.1万ha

主食用米生産量

2008年産	866万t
2013年産	818万t
2018年産	733万t
2022年産	670.3万t

野菜

野菜の生産動向

2021年の野菜の産出額は2兆1467億円で、農業総産出額の24%を占めている。トマト、イチゴなど10品目で、野菜の産出額全体の55%を占めている。2020年の野菜供給量（約1443万t）のうち国内生産量は約8割で輸入量が約2割である。

国内の生産量ではキャベツ（143万t）、タマネギ（136万t）、ダイコン（125万t）が多い。

野菜の輸入量のうち23%が生鮮品でそのうちの33%がタマネギで、タマネギの輸入先は9割が中国である。輸入量のうち77%は加工品でトマト（43%）、スイートコーン（11%）、ニンジン（9%）の加工品と続いている。

「全国的に流通し、特に消費量が多く重要な野菜」を農家に安心してつくってもらうために、野菜生産出荷安定法に基づいて国は"指定野菜"❶と指定産地を決めている。

指定産地は、その指定野菜を毎年作付けする大規模産地を国が指定している（878産地、2023年2月現在）。指定野菜の価格が下落した場合には、次年度の生産量を確保するため、指定産地の農家に対して収入の一部を補助する制度がつくられている。

野菜の消費動向

野菜の1人1年当たりの消費量は1991年は106kgだったが、その後、減少が続き、2021年には86kgに減少している。「健康日本21（第二次）における成人1人1日当たりの野菜摂取目標量350gに対し、2019年は約280gで70%の成人が目標に達しておらず、特に20〜40歳代で不足が目立っている。

❶2026年度よりキャベツ、キュウリ、サトイモ、ダイコン、タマネギ、トマト、ナス、ニンジン、ネギ、ハクサイ、バレイショ、ピーマン、ホウレンソウ、レタス、ブロッコリー

果樹

畜産物

果樹の生産と消費の動向

　果樹の栽培面積や生産量は2000年以来、緩やかな減少傾向にあるが、これは栽培農家の高齢化と農家数減少が原因となっている。一方、果実の産出額は2011年から上向きになり、2021年には9159億円になり、農業総産出額の10%を占めている。

◆2021年の品目別の果実産出額は、ぶどう、うんしゅうみかん、りんごの3品で57%を占めている（表1）。

◆輸出額は近年増加傾向で、2022年は果実全体では316億円、主要6品目の合計は299億円である。全体のうち、りんごが約6割の187億円、ぶどうが54億円で2割弱となっている。
主要6品目：りんご、なし、もも、うんしゅうみかん、ぶどう、かき

◆1人1年当たりの生鮮果実の購入量は、1998年の31kgから2022年の23.2kgと減少するなか、バナナは4.6kgから6.6kgと1.4倍に増えた。

◆国内需要量（重量）は、ここ数年国産品が約4割、輸入品が約6割という状況が続いている。

◆国産品のうち9割が生鮮用。一方、輸入品は4割が生鮮用、6割が果汁等加工品*である。

◆2019年に輸入された生鮮果実はバナナが5割（フィリピン産が8割）を占めた。

◆輸入された果汁等加工品はオレンジ果汁が3割で最も多く（うちブラジル産が6割）、次いでりんご果汁が2割（うち中国産が6割）である。

表1　果実の品目別産出額（2021年）

品目	産出額*	品目	産出額*
①ぶどう	1,902	⑤もも	655
②りんご	1,657	⑥かき	439
③うんしゅうみかん	1,651	⑦おうとう	413
④日本なし	693	⑧うめ	364

＊単位：億円　（資料：農林水産省「令和3年度生産農業所得統計」）

＊果汁等加工品は生果に換算している

飼養農家戸数減少・大規模化が進展

◆**主要畜種全体の動向**　2021年の畜産の産出額は約3.4兆円で農業総産出額の4割弱となっている。飼養戸数は全ての畜種で減少が続いているが、1戸当たりの飼養頭羽数は増加し、大規模化が進んでいる。

◆**生乳**　2022年度の生乳生産量は全国で753万tで、2016年度に比べると1.9%増加している。

　北海道の生産量は425万tと8%伸び、国内シェアは53.1%から56.4%に拡大している。

　生乳生産の安定化に向けて、後継牛を確保するため、子牛の死亡事故を減らす取り組みを強めたり、健康な経産牛を育て、産次数（分娩回数）を増やすなどの努力がされている。

◆**牛肉**　牛肉生産量（部分肉ベース）❶は2016年度の32万tから2022年度の35万tと、増加傾向で推移している。品種別のシェアでは和牛が最も高く、2022年度には17万tとなった。2021年度までは乳用種の雄が和牛に次いでいたが、2022年度は交雑種の方が多くなった。

◆**豚肉**　豚肉生産量（部分肉ベース）は2016年度の89万tから2022年度の90万tと近年横ばいで推移している。近年は、飼料用米の給与などで食味のよい豚肉生産を行ない、輸入肉との差別化を図ろうとしている。

◆**鶏肉**　健康志向の高まりなどから消費も好調で、それを背景に生産量も増加で推移し、2016年の155万tから2022年には168万tを超えた。2022年には年間50万羽以上出荷する農家戸数は15%弱であったが、それらの農家が出荷する羽数は全出荷羽数の49%を占めている。

◆**鶏卵**　生産量は2016年度の256万tから2022年度の254万tと推移。コロナ禍による卵価の低下や鳥インフルエンザの大規模発生により2020～2022年度と生産量が減少した。

❶部分肉とは骨や余計な脂肪を除いて大きな部位に分割した肉の塊のこと

農業・農村の多面的機能

環境保全への貢献

農村で農業生産活動が行なわれることにより生ずる、農産物の供給を含めた幅広い機能を「農業・農村の多面的な機能」と呼んでいる。

国土保全機能

◆洪水防止機能（洪水を防ぐ機能）

畔に囲まれた水田や耕作されている畑の土壌には、雨水を一時的に貯留する働きがある。そのため農地は、ダムのように洪水を防止する役割を果たしている。農家が管理している水田の1枚1枚は、小さな治水ダムなのである。

◆土砂崩壊防止機能（土砂崩れを防ぐ機能）

斜面につくられた田畑は、日々の手入れによって小さな損傷も初期段階で発見・補修できるため、土砂崩れを未然に防止できる。また、田畑の耕作を続けることで、雨水を地下にゆっくりとしみこませ、地下水位が急上昇をすることを抑える働きがあり、地すべりなどの災害を防止している。

◆土壌浸食防止機能（土の流出を防ぐ機能）

田畑の作物や田に張られた水は、雨や風から土壌を守り、下流域に土壌が流出するのを防ぐ働きがある。

環境保全機能

◆気候緩和機能（暑さをやわらげる機能）

田の水面からの水分の蒸発や、作物の蒸散機能によって空気が冷やされる。この冷涼な空気は、周辺市街地の気温上昇を抑える効果もある。

◆大気の浄化機能（大気をきれいにする機能）

田畑の農作物には光合成によって大気中の二酸化炭素を減らし、代わりに酸素を出す、大気の浄化機能がある。さらに水田は、大気中の有毒ガス、重油などを燃やすときに出る二酸化硫黄（SO_2：亜硫酸ガス）や二酸化窒素（NO_2）を吸収する働きも認められている。

◆河川流況安定機能（川の流れを安定させる機能）

水田に利用される灌漑用水や雨水は、時間をかけて河川に還元されることで、河川の流れを安定させ、下流地域の生活用水などに利用されている。

◆地下水涵養機能（地下水をつくる機能）

田畑に貯留した雨水などの多くは、地下にゆっくり浸透して地下水となり、下流域の生活用水などに利用されている。

生物多様性保全機能

◆生き物のすみかになる機能

田畑は、自然との調和を図りながら継続的な手入れをすることにより、豊かな生態系をもった2次的自然❶が形成され、トンボやカエルなど多様な生物が生息している。

この生物多様性（→p.35〈生物多様性の保全に関わる条約〉の項参照）は豊富な種類の食べ物をもたらし豊かな食生活にも欠かせないものだが、20世紀後半に急速に拡大した人間活動によって失われつつある。近年これに歯止めをかけるため、例えば食品廃棄物を家畜の飼料に利用するなど様々な取り組みが行われている。

景観形成機能

◆良好な景観の形成保全機能（農村の景観を保全する機能）

農村地域では、農業の営みにより、田畑に育った作物と農家の家屋、その周辺の水辺や里山が一体となって美しい農村景観を形成している。

❶人が手を加えることで形成・維持されてきた自然環境のこと

農業・農村の多面的機能

地域社会の維持・活性化

文化の伝承機能

◆農村の文化を伝承する機能

全国各地に残る伝統行事や祭りは、五穀豊穣（穀物が豊かに実ること）の祈願や、秋の収穫を祝うものなど、稲作をはじめとする農業に由来するものが多く、地域それぞれに永く受け継がれてきている。地域の祭りは、ふるさとに住む人、育った人の心のよりどころであり、結び合いの場である。

農業に関する祭りの1つに、御田植祭がある（図1）。つらい田植え作業を楽しくする方法として田植歌を歌いながら田植えをするという風習が、田の神を祀って豊穣を願う農耕儀礼と結びついて、地元神社の祭礼となったのが起源とされている。

癒しや安らぎをもたらす保健休養機能

農村の澄んだ空気、きれいな水、美しい緑、四季の変化などが、訪れる人に安らぎを与え、心と体を癒してくれる。

都市に住む人々の間に、田園志向が高まっており、農村の自然や文化に触れるとともに、農業を通じた交流の場が増えてきている。

図1　御田植祭の風景（大分県豊後高田市）
（写真提供：豊後高田市）

農村のもつ「保健休養機能」を都市住民へ提供する取り組みは「グリーン・ツーリズム❶」と呼ばれ、農家民宿での農家生活体験や農業体験などの取り組みが行われている（→p.23「生産者と消費者の活発な交流」参照）。

最近では、産直活動❷やふるさとまつり、農林まつりなどのイベントへの参加のほか、地域の自然環境や歴史文化に接しながら、その保護活動にも参加するイベントも行われている。

教育の場としての機能

農村で、動植物や豊かな自然に触れ農業を体験することで、動植物の生態を学び、自然や生命の大切さや食べ物のめぐみに感謝する心が育まれる。

いま小学校では、1〜2年生の「生活科」、3〜6年生の「総合的な学習の時間」で、継続的な飼育や栽培、農業生産の体験活動が進められている。中学校でも、技術分野では「生物育成」が、家庭分野でも「地域の食材を活かした調理、地域の食文化の理解」が必修の単元となっている。

こうした体験学習重視の流れのなかで、農家が指導役となった「教育ファーム」（食農体験活動）が全国に広がっている。

農林水産省は、「教育ファーム」を生産者の指導を受けながら、作物を育てるところから食べるところまで一貫した「本物体験」の機会を提供する取り組みとしている。

この食農体験活動は、自然の力やそれを活かす生産者の知恵と工夫を学び、生産の苦労や喜び、食べ物の大切さを、実感をもって知ることが目的である。また教育ファームは農業の魅力を発信する後継者発掘の機会として期待されている。

---

❶自然豊かな農村での農家生活体験や農業体験など、滞在型の余暇活動。
❷産地直結取引、産地直売、産地直送の略語で、産地の生産者・生産者団体と消費者・消費者団体とが直結して取引を行うこと。

女性農業者の活躍

農業現場での活躍

2022年の基幹的農業従事者数（→p.14〈農業従事者数の推移〉の項参照）122.6万人のうち女性の割合は39.2％となっている。

女性が農業経営に関与する経営体は収益力が向上しているなど、女性は農業の担い手として、重要な役割を果たしている。

さらに、特産品、農産加工品づくりや、直売所での販売・運営、農家レストランの運営など女性による起業活動の範囲が広がっている。これらの活動は全国で9497件（2016年度）あり、グループ経営よりも個別経営によるものが増加している。

農業女子プロジェクトの推進

このプロジェクトは2013年に農林水産省により、立ち上げられた。その趣旨は以下のとおり。

- 農業内外の多様な企業や教育機関等と連携
- 農業女子の知恵を活かした新商品・新サービスの開発
- 未来の農業女子をはぐくむ活動、情報発信等

社会での女性農業者の存在感を高め、女性農業者自らの意識の改革、経営力発展を促し、職業としての農業を選択する若手女性の増加を図る。

2023年10月1日現在、プロジェクトに参加している女性は全国で978人、参画企業は34社、教育機関は8校となっている。

女性農業委員、農協役員数の増加に向けた取り組み

農業委員に占める女性の割合は2022年度は12.6％、農協役員に占める女性の割合は2021

年度では9.3％に留まっている。

そこで、内閣府の"女性活躍・男女共同参画の重点方針（2022年）"では、農業委員、農協役員の女性の割合を向上させようと、女性委員や女性役員の登用のための具体的取り組みを定めるように、各市町村や各農業協同組合に促している（表1）。

また、同方針では女性が活躍しやすい環境を整備するために以下のことを行っていくとしている。

◆女性にとって扱いやすいデジタル技術を活用したスマート農林水産業の推進
◆農業女子プロジェクトにおける企業・教育機関と連携した女性が扱いやすい農業機械等の開発
◆育児と農作業の両立などに関するサポート活動
◆更衣室や託児スペースの整備
◆女性の受け入れ体制づくりのための農業法人向けマニュアルの普及

表1　女性農業者の活躍

	農業委員に占める女性の割合	農協役員に占める女性の割合
2010年度	4.9%	3.9%
2015年度	7.4%	7.2%
2020年度	12.3%	9.0%
2021年度	12.4%	9.3%
2022年度	12.6%	—

資料：農林水産省「農業委員への女性の参画状況」各年10月1日現在
「総合農協統計表」各事業年度末時点

生産者と消費者の活発な交流

農家と地域をつなぐ直売所

農産物直売所は、生産者が収穫した農産物をもち込んで販売する施設で、農産物に生産者自ら価格を付けて販売する運営方法が一般的となっている。直売所のメリットは、市場出荷よりも流通費を削減できることで、その分を所得増加に結び付けられることにある。また、消費者にとっても、身近な地域の安心・安全で新鮮な農産物を購入できることが魅力となっている。直売所は、地域で生産された農産物を地域で消費する「地産地消」の拠点として、地域住民との交流の場となり、地域農業を支える大切な拠点になっている。農林水産省によると、2021年度全国の農産物直売所の施設数は2万2680ヶ所となり、販売金額は図1のように1.5兆円に迫り、農業生産関連事業の総販売額の半分以上を占めている。

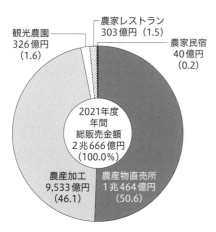

図1　農業生産関連事業の業態別年間総販売金額
（全国）（資料：農林水産省「令和3年度6次産業化総合調査結果」）

観光農園
326億円
（1.6）

農家レストラン
303億円（1.5）

農家民宿
40億円
（0.2）

2021年度
年間
総販売金額
2兆666億円
（100.0%）

農産加工
9,533億円
（46.1）

農産物直売所
1兆464億円
（50.6）

グリーン・ツーリズム

グリーン・ツーリズム（→p.21「地域社会の維持・活性化」参照）は、都市住民の農業・農村への関心を高め、農村活性化に大きな役割を果たすもので、各地で積極的に取り組まれている。グリーン・ツーリズムのおもな訪問先は観光農園、農家民宿・農家レストランとなっている。余暇活動の場となる貸農園や体験農園はおもに都市に近い地域で、観光農園は平地や中間地で、農家民宿は山間地で多く行なわれている。

外国人に日本の農産物や食文化を理解してもらうために、外国人を迎え入れられる農家民宿の広がりが期待される。また、世界的な新型コロナウイルス感染症の発生後、農林水産省によるとテレワークを活用し働きながら休暇をとるワーケーションの実施場所としてのニーズも高まっている。

都市農業への期待

都市農業とは、市街地及びその周辺の地域において行われる農業のことをいう。農村部に比べると小規模な経営が多いが、都市住民に新鮮で安全な地元農産物を供給するだけでなく、近年は次のような多面的な役割も評価されている。
〔身近な農業体験・交流の場〕　農業体験・交流、ふれあいの場及び農産物直売所での生産者と消費者の交流の役割
〔災害時の防災空間〕　火災時における延焼の防止や地震時における避難場所、仮設住宅建設用地等の空間としての役割
〔心やすらぐ緑地空間〕　緑地空間や水辺空間を提供し、都市住民の生活に「やすらぎ」や「潤い」をもたらす役割
〔国土・環境の保全〕　雨水の保水、地下水の涵養、生物の保護等の役割
〔都市住民の農業への理解の醸成〕　都市住民の農業への理解を醸成する役割

環境制御の新技術

高度化する環境測定・制御技術

　野菜や花きなどのハウス栽培で、小型化・低価格化が進んだセンシング（計測）機器を栽培施設内に多数配置し、そのデータを活用したきめ細かな制御により、作物の生産性を最大限に引き出す例が全国で増えている。

◆統合制御機器で適正環境に　施設園芸用の環境測定機器（図1）では温度、湿度、炭酸ガス濃度、光（照度や日射量）などを年間を通して測定・記録している。毎日の平均気温だけでなく、積算温度❶も記録し、開花時期や収穫時期の判断にも使えるようになっている。

　ハウスの管理は、換気扇やカーテンの開閉、暖房機や循環扇、炭酸ガス発生装置の起動や停止など多岐にわたっており、温度や湿度、日射量の調整に相互に影響する設備の管理を、細かく設定できる統合制御機器が開発されている。

　これまでは、この細かい設定に農家が自分で作物の生育状態を観察し、過去のデータと比べながらその都度、分析・判断しなければならなかったが、熟練農業者の高度な生産技術をAI（人工知能）に学ばせ、統合制御機器と組み合わせる研究が進められている。

植物工場の可能性

　植物工場（図2）は、閉鎖された環境で蛍光灯やLEDを光源にする人工光型の養液栽培が主流となっているが、工場の建設費が高く、経営が黒字なのは3割に満たず7割近くが赤字と報告されている（植物工場実態調査・日本施設園芸協会、2022年3月）。人工光型の栽培では、生食用のリーフレタスが多い。

　人工光型養液栽培の植物工場の野菜は、露地栽培のものに比べ高コストであるが、次のような長所がある。

◆無農薬で栽培している。

◆栽培環境が管理されており、品質が常に安定している。

◆土を使わないので調理時に汚れを洗う必要がない。

◆クリーンルーム内での一貫生産のため雑菌による傷みが少なく鮮度が長持ちする。

◆鮮度が長持ちすることで店頭や家庭での廃棄が少なくなり、また洗う必要がなく外葉を含めて食べられることから、食品ロスの対策にも役立つ。

◆気候変動や天候不順の影響がなく安定して生産でき、定時・定量・定価格で提供できる。

図1　施設園芸用の環境測定機器

（写真提供：株式会社　誠和）

図2　植物工場のリーフレタス栽培

---

❶毎日の平均気温を合計したもの。農作物の生育、融雪の進行を知る目安として利用される。

無人農機の活用

　農林水産省は、ロボット技術やICT（情報通信技術）を活用して、超省力・高品質生産を実現する新たな農業形態を「スマート農業」と呼び、推進している。

農業におけるドローンの活用

　小型無人航空機・ドローン（回転翼を複数搭載したマルチコプター）が、農業の現場で活躍の場を広げている。これまでベテラン農家があぜ道を歩いて観察していた仕事をドローンが受けもつようになっている。

◆イネの生育状態の判断　北海道の水田地帯では、イネの生育状況をドローンで把握する実証実験が進んでおり、すでに農家による実践が始まっている。ドローンに近赤外線カメラを積んで、地上30〜40mから水田を撮影、画像データが送られてきたパソコン画面には、イネの生育状況が色分けされて映し出される。イネの生育調査には、衛星画像を使う方法もあるが、高額な撮影費がネックになるだけでなく、雲が邪魔をしてきれいな画像を得られないことも多かった。これがドローンならば、比較的安価に高精細な画像を入手することができる。

◆収穫適期と品質判断　この生育のモニタリング画像で、田んぼごとのもみ水分による収穫適期の判断のほか、タンパク質などコメの品質判断への応用が期待されている。実用化されれば、ドローンで集めた情報をもとに田んぼごとの品質のばらつきを調整できるようになる。

◆農薬散布の効率化　高精細カメラを搭載したドローンを低空で飛行させ、いもち病などの病害虫の発生を局所的に見極める技術の開発が進められている。また、病害虫の早期発見で被害の拡大を防ぎ、農薬の散布場所を限定することで、減農薬栽培への実用化が期待されている。

　最近のドローンは、超音波エコーやレーザーを駆使した距離測定装置により、地形ごとに適した高度で飛ばしたり、障害物を避けて飛ぶことが可能になり、安全性が高まっている。ドローンは、イネ・コムギ・ダイズ・ビートなど、土地利用型作物の生育管理の精密化・省力化に役立つ新型農機としての期待が大きい。

開発進む農業ロボット

　高齢化が進み人手不足となっている日本の農業情勢に対応して、現在、国の研究機関や大学、農機メーカーの間で、農業ロボットと呼ばれる無人の作業機の開発が進められている。そのなかで注目されているものには例えば、農機会社が開発している自動運転のロボットトラクターがある。このトラクターは水田でも安定走行できることや障害物への衝突を未然に防ぐことを目指している。

　公的機関の農研機構では、イチゴ収穫ロボット（図1）、パック詰めロボットを開発、2020年にはリンゴ・ナシなどの果実の無人収穫ロボットの試作品を開発している。

図1　イチゴ収穫ロボット　（写真提供：農研機構）
農研機構はイチゴの栽培ベッドが循環移動する装置（循環式移動栽培装置）と連動し、定位置で自動収穫する定置型イチゴ収穫ロボットを開発した。収穫の労力を大幅に削減することで、イチゴ等の栽培面積の規模の拡大、さらには産地全体の活性化が期待されている。

みどりの食料システム戦略

2021年5月、農林水産省は、農林水産業の生産力向上と持続性の両立を目指す政策方針として「みどりの食料システム戦略」を策定した。みどり戦略では、2050年を期限として、農林水産業の二酸化炭素の排出量を実質ゼロ、耕地面積に占める有機農業の取り組み面積を100万haに拡大、事業系食品ロスを2000年度比で半減（2030年）、林業用苗木のうちエリートツリー等が占める割合を3割（2030年）、漁獲量を2010年と同程度（444万t）まで回復（2030年）するなど14の目標を掲げている。

みどり戦略の目標を実現していく過程で、農業生産に由来する環境負荷の低減や持続的な農業の発展を目指していく。一方、化学肥料や化学農薬の低減などみどり戦略の実現に取り組むことで、病害虫への対応の増加、収量の低下などが予想され、取り組みに意欲的な地域や関係者にかかる負担を支える政策的な措置が必要となった。

2022年に「みどりの食料システム法（環境と調和のとれた食料システムの確立のための環境負荷低減事業活動の促進等に関する法律）」が国会に提出され可決し、同年7月1日から施行された。

みどりの食料システム法では、環境負荷の低減に取り組む生産者の事業計画を都道府県知事が認定し、認定を受けた生産者に対する税制・金融上の措置等を講ずることができる。

認定の対象となる環境負荷低減事業活動は、以下のものがある。
（1）土壌診断に基づく土づくり、化学肥料・化学農薬の使用低減を行なう取り組み
（2）省エネ設備の導入による燃油使用量の低減、畑や家畜から排出されるメタンの発生抑制など温室効果ガスの排出削減の取り組み

また農林水産大臣が定めるものとして、以下の取り組みも対象となる。
・被覆プラスチック肥料からの転換等を通じたプラスチックゴミの発生抑制
・炭素の長期貯留につながるバイオ炭の農地への施用
・化学肥料・化学農薬の使用低減と併せて取り組む生物多様性の保全

みどりの食料システム戦略が目指す姿（2050年）

温室効果ガス削減
①農林水産業のCO₂ゼロエミッション化（2050年）
②農林業機械・漁船の電化・水素化等技術の確立（2040年）
③化石燃料を使用しない園芸施設への完全移行（2050年）
④我が国の再エネ導入拡大に歩調を合わせた、農山漁村における再エネの導入（2050年）

環境保全
⑤化学農薬使用量（リスク換算）の50%低減（2050年）
⑥化学肥料使用量の30%低減（2050年）
⑦耕地面積に占める有機農業の割合を25%（100万ha）に拡大（2050年）

食品産業
⑧事業系食品ロスを2000年度比で半減（2030年）
⑨食品製造業の労働生産性を2018年比で3割以上向上（2030年）
⑩飲食料品卸売業の売上高に占める経費の割合を10%に縮減（2030年）
⑪食品企業における持続可能性に配慮した輸入原材料調達の実現（2030年）

林野
⑫林業用苗木のうちエリートツリー等が占める割合を3割（2030年）9割以上（2050年）に拡大高層木造の技術の確立・木材による炭素貯蔵の最大化（2040年）

水産
⑬漁獲量を2010年と同程度（444万t）まで回復（2030年）
⑭ニホンウナギ、クロマグロ等の養殖において人工種苗比率100%を実現（2050年）養魚飼料の全量を配合飼料給餌に転換（2050年）

環境基礎分野

生物のつながりと生態系

生態系とは何か

　「大気」「太陽光」「水」「土壌」の4つの自然環境とそれらに支えられて生きている「すべての生物」が関連しあっているまとまりを「生態系」といい、4つの自然環境と生物を合わせて「生態系の構成要素」という。

生態系における物質循環

　図1のようにいろいろな物質が生態系のなかで大気、土壌、植物、動物、微生物の間を巡り巡っている状態を「物質循環」という。

◆生態系の土台となる植物

　植物は光合成作用（→ p.76〈光合成作用〉の項参照）によって有機物である炭水化物をつくりだし、大気中に酸素を放出している。大気中に

放出された酸素は、植物や動物が生きていくための呼吸作用に利用されている。また、動物も植物も呼吸作用で不要となった二酸化炭素を大気中に放出しているが、放出された二酸化炭素は植物が光合成作用で有機物をつくりだすために利用されている。光合成作用を行なえない動物は、植物が光合成作用でつくりだした有機物を取り込むことによって、生命活動をしている。

◆物質循環を支える土壌微生物・小動物

　土壌中には細菌、放線菌、糸状菌などの微生物、アメーバ類や鞭毛虫類などの原生動物、ミミズやダンゴムシなどの小動物が数多くいる。

　動物の排せつ物や植物の落ち葉などの有機物は土壌中の微生物や小動物が生きていくための餌となり、無機物に分解される。

　一つの微生物や小動物の死がいもまた、ほかの微生物や小動物の餌となり無機物に分解さ

図1　生態系の物質循環

れ、これらの無機物を植物は根から吸収し、光合成作用によって有機物をつくりだしていく。

このように生態系の土台となっている植物の生命活動は、土壌中の微生物や小動物によって支えられている。

食物連鎖とは

シマウマ（草食動物）は植物を食べ、そのシマウマはライオン（肉食動物）によって食べられる。ライオンは排せつ物を出し、その排せつ物は菌類や微生物によって無機質に分解される。植物は分解された無機質を吸収するとともに光合成作用で有機物をつくりだして成長する。それを草食動物が食べて栄養分とする。

このように生物の食うものと食われるものの関係を「食物連鎖」という（図2）。

この食物連鎖は生態系の維持にとって重要な意味をもっている。物質循環は、食物連鎖によっても行なわれているので、食物連鎖が途切れると物質循環も途切れ、その生態系全体が崩れてしまうことになる。

生態ピラミッド（生態系ピラミッド）

食う食われるの関係を下から上に並べると、植物、草食動物、小型肉食動物、大型肉食動物の順に並ぶ。下位のものほど、個体の種類、数とも多く、上に行くほど個体の種類、数ともに少なくなるので、種類と数の関係を図に表すとピラミッド型になる。これを「生態ピラミッド」と呼んでいる（図2）。

生態ピラミッドを構成する生物は、生産者、消費者、分解者に分けることができる。生産者は光合成作用によって炭水化物をつくりだす植物である。

消費者は植物を餌とする草食動物（一次消費者）、草食動物を餌としている小型肉食動物（二次消費者）、その二次消費者を餌としている大型肉食動物（三次消費者）である。

分解者は動物の糞や死がい、植物の枯れ葉などの有機物を無機物に分解している微生物や小動物のことで、分解され土壌中に戻された無機物は生産者が成長するための栄養として利用されている。

なお、ミミズやダンゴムシなどは枯れ葉などを食べている動物なので消費者となるが、枯れ葉などを分解してくれるので分解者としての働きもある。また、菌類や微生物は分解者ではあるが、枯れ葉や糞などの有機物を餌として取り入れているので消費者でもある。

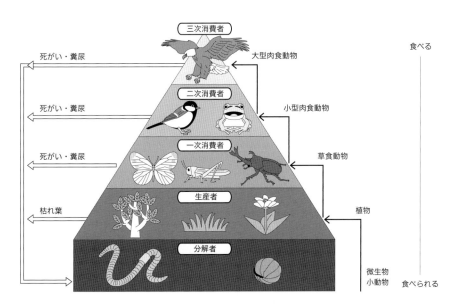

図2　食物連鎖・生態ピラミッド

生態系を活かす環境保全型農業

農地生態系 (耕地生態系)

　天然自然の森林や草原などの生態系を自然生態系と呼び、農業が行われることによって維持されている生態系を農地生態系と呼んでいる。

　水田や畑の農地生態系は作物が育ちやすいように人が手を加えている生態系である。

　農地生態系では作物の生育を阻害する雑草や害虫、病原菌などは人の手によって農地から排除されている。

　また、雑草や病害虫を排除するために除草剤や殺虫剤、殺菌剤を使用することがあるが、これらの薬剤の使用によって作物に害を与えない生物までも取り除かれることがある。

　例えばナナホシテントウは作物に吸汁害を与えるアブラムシを捕食してくれる昆虫であるが、アブラムシを防除するための殺虫剤を散布することによってナナホシテントウも殺虫されてしまうことがあり、生態系の食物連鎖を崩してしまうことがある。

　また、田畑では作物の成長を促すために人が窒素やリン酸、カリウムなどを肥料として土に補給したり、栽培された作物は収穫することによって農地生態系から持ち出されている。

　田畑の土壌中にはおびただしい種類の土壌微生物などがいて、それらがお互いに共生しているが、それだけでなく、微生物によっては植物の根の成長を助ける働きもしている。

　しかし、同じ種類の作物を毎年同じ場所で連続して栽培していると土壌中の微生物などの種類に偏りが出来、特定の微生物や害虫が増えることで作物の生育が悪くなることがある。

　農地生態系は人が自然生態系に手を入れることによってつくられる生態系なので、生態系を構成する生物の種類が少なくなったり、偏りがでたりするので物質循環が途絶えがちになる。

人が手を加えることによって生じた生態系の歪みを正すためには、人の努力を欠かすことができない。

　近年では土壌中の微生物の偏りを防ぐために、畑に堆肥や腐葉土などの有機物を加えることの大切さが再認識されている。

環境保全型農業への取り組み

　近年、生態系を大切にし、環境保全の意識が高まっているが、農業分野でも「環境保全型農業」が注目されている。

　農林水産省では環境保全型農業を「農業の物質循環機能を活かし、生産性の調和などに留意しつつ、土づくり等を通じて化学肥料、農薬の使用等による環境負荷の軽減に配慮した持続的な農業」と定義している。

　環境保全型農業を推進するために、これまで国は次のような施策を行なってきた。

- 1992年：新しい農業政策として環境保全型農業を全国的に推進した。
- 1999年：「食料・農業・農村基本法」が制定され、農薬及び肥料の適正な使用、家畜排せつ物などの有効利用による地力の増進、農業の自然環境機能の維持増進が推進された。
- 1999年：「持続農業法」が制定され、堆肥等による地力の維持・増進と化学肥料・化学合成農薬の使用低減に取り組む農業者 (エコファーマー) の支援が始まった。
- 2005年：「環境と調和のとれた農業生産活動規範 (農業環境規範)」がつくられ、環境と調和のとれた農業生産活動のために農業者が最低限取り組むべき規範が示された。
- 2011年：「環境保全型農業直接支援対策」として農業者が化学肥料・化学合成農薬の使

用を原則5割以上低減する取り組みとセット
で、地球温暖化防止や生物多様性保全に効
果の高い営農活動に取り組む場合に支援が
得られるようになった。
- 2021年：「みどりの食料システム戦略」が制
  定された。

◆環境と調和のとれた農業生産活動規範（農業環境規範）

この規範は環境と調和した農業生産活動を
行っていくうえでの基本的なポイントをまとめ
たもので、農業者自らが営農活動の自己点検に
使用するものとして策定された。

この規範は「作物の生産編」と「家畜の飼養・
生産編」がつくられているが、ここでは「作物
の生産編」について紹介する。

農業環境規範　7つのポイント

1. 土づくりの励行

環境と調和のとれた農業生産の基本である土
づくりのため、堆肥の施用や稲わらのすき込み
など有機物の供給に努める。

2. 適切で効果的・効率的な施肥

過剰な施肥は環境に悪影響を及ぼすことがあ
る。農協の栽培暦等に則した施用量・方法を実
行する。

3. 効果的・効率的で適正な防除

病害虫・雑草が発生しにくい栽培環境づくり
や発生予察情報等を活用した防除を行う。農薬
は農薬取締法に基づく使用方法などを守る。

4. 廃棄物の適正な処理・利用

使用済みプラスチック等の廃棄物の処理は、
関係法令に基づいて適正に行う。

作物残さは堆肥、飼料等への再利用やほ場へ
すき込みをする。

5. エネルギーの節減

加温施設、農業機械の使用では、適正な温度
管理、点検整備や補修などに努める。

6. 新たな知見・情報の収集

普及指導センター、農協等が発信する情報誌
などで作物の生産に伴う環境への影響などに関
する情報を収集する。

7. 生産情報の保存

生産活動の点検・確認ができるよう肥料・農
薬の使用状況等の記録を保存する。

◆みどりの食料システム戦略

食料・農林水産業の生産力の向上と持続性の
両立を、イノベーション（革新的な技術）で実
現させることを目的に制定された。

この戦略では2050年までに目指す姿として、
下記のものなどを挙げている。
- CO_2排出ゼロ
- 化学農薬の使用量（リスク換算❶）を50％低減
- 化学肥料の使用量を30％低減
- 有機農業の取り組み面積を25％（100万ha）
  に拡大

この戦略の実現を目的とした「みどりの食料
システム法」が2022年に施行された。

この法律では、環境負荷低減に取り組む生産
者や新技術の提供等を行う事業者に対しさまざ
まな支援を設けている。

おもな支援措置となる取り組みには下記のよ
うなものがある。
- 農業改良資金：化学肥料・農薬使用削減や温
  室効果ガス削減のための設備投資など
- 畜産経営環境調和推進資金：排せつ物の処
  理・利用のための施設・設備の整備など
- 食品流通改善資金：環境に配慮した加工・流
  通施設などの設備投資など
- 新事業活動促進資金：環境負荷低減に資する
  製造ラインなどの設備投資など
- みどり投資促進税制（法人税・所得税の特
  例）：化学肥料・農薬使用削減や有機肥料生
  産のための設備投資など

❶単純に個々の農家の化学農薬の使用量を減らすことを目標
にすると、かえって毒性の高い農薬の使用が増える恐れが
あることから、これまでの個々の農家段階での使用量低減
ではなく、環境への影響を全国の総量で示せるように「リ
スク換算」で算出することとした。
「化学農薬使用量（リスク換算）」は「有効成分ベースの農
薬出荷量」にヒトへの毒性の指標である"許容1日摂取量"
を基に決定した「リスク換算係数」を掛けて求められる。

地球温暖化の原因と対策

地球温暖化の原因

　これまで、地球は太陽の熱と温室効果ガスによって年平均気温は約14℃に保たれていた。このガスがないと地球の表面温度は−19℃になってしまうと計算されている。しかし、人間活動によって多量に排出された温室効果ガスの影響で、地球温暖化が急速に進んでいる。

　世界における人為起源の温室効果ガス（二酸化炭素、メタン、一酸化二窒素、フロン類など）のなかで最も排出量が多いのは二酸化炭素で、2019年では全体の約75%を占めている（IPCC第6次評価報告書）。

　この二酸化炭素の排出量は1971年には約141億tだったが、49年後の2020年には約314億tと約2.2倍に増加している（表1）。

国際的な温暖化対策の歩み

　近年は、国際的な動きとして地球温暖化防止や生物多様性保全への対応が急務となるなかで、化学肥料・農薬の低減だけでなく、地球温暖化防止や生物多様性保全に効果の高い取り組みも推進する必要があり、世界の国々は協調し問題の解決を模索している。

- 1994年3月：「気候変動に関する国際連合枠組条約」が発効。197の国と機関が参加した。大気中の温室効果ガスの濃度を気候に影響をあたえない水準で安定化させることを目的としていた。

　この条約では、先進国及び市場経済移行国には、温室効果ガス削減目標に言及することを求め、途上国には言及を求めていない。また先進国は途上国の温室効果ガス削減のために、資金援助を行なう義務があった。

- 2005年2月：「京都議定書」発効。192の国と機関が参加した。先進国の義務が強化され、1990年と比べて2008年から2012年までの間に一定数値を削減することを課せられた。削減義務は、日本−6%、米国−7%、EU−8%となっていた。
- 2015年12月：パリで開かれた「第21回気候変動枠組条約締約国会議（COP21）」で2020年以降の地球温暖化対策「パリ協定」が採択。
- 2016年11月：「パリ協定」発効。
- 2021年10月：英国グラスゴーで行われた「第26回気候変動枠組条約締約国会議（COP26）」開催。次のような成果が得られた。

　世界平均気温の上昇を産業革命前に比べて1.5℃以内に抑える努力を追求することが盛り込まれた。

　石炭火力発電では、段階的に削減という表現での合意となった。一方で非効率な化石燃料への補助金は「段階的に廃止」と明記された。

　全ての国は2022年に2030年までの排出目標を再検討し、強化することに合意した。

表1　世界各国の二酸化炭素総排出量合計上位7カ国（2020年）

順位	国名	排出量*	割合（%）
1	中国	10081	32.1
2	アメリカ	4258	13.6
3	インド	2075	6.6
4	ロシア	1552	4.9
5	日本	990	3.2
6	ドイツ	590	1.9
7	韓国	547	1.7
	世界の排出量	31381	

*排出量の単位：百万t —エネルギー起源CO_2
（出典：EDMC/エネルギー・経済統計要覧2023年版）

温暖化による影響

地球環境への影響

気候変動に関する政府間パネル（IPCC）は気候変動に関して科学的、社会経済的な見地から評価を行ない、5〜6年ごとに評価報告書を公表している。

2014年のIPCC第5次評価報告書では2100年までに、最大82cmの海面上昇が予測され、気温、海水温などの観測結果から温暖化の進行が再確認されたと報告されている。

二酸化炭素の累積総排出量と世界平均地上気温の上昇は、ほぼ比例関係にある。20世紀半ば以降に観測された温暖化が人間活動による二酸化炭素の増加によるものであることはほぼ確実とされている。この人間が招いた地球温暖化は、世界中のさまざまな面に影響している。

集中豪雨、干ばつ、台風やハリケーンの大型化、発生頻度の増大など、地球温暖化が一因と考えられる異常気象によって発生する降雨量の乱れが問題となっている。

日本では1898〜2022年の期間で見ると、日降水量100mm以上の日数は、1901〜2018年の期間で増加している。

一方、日降水量1.0mm以上の日数は減少しており、大雨の頻度が増える反面、降水がほとんどない月も増加する特徴を示している。

また、平均気温は変動を繰り返しながら上昇しており、100年当たり1.30℃の割合で上昇している（気候変動監視レポート2022：気象庁）。

日本の気温が顕著な高温を記録した年は1990年代以降に集中しており、全国的に猛暑日や熱帯夜❶が増加し、冬日は減少している。

2021年のIPCC第6次評価報告書では、「人間の影響が大気、海洋及び陸域を温暖化させてきたことには疑う余地がない」と初めて断定的な表現が用いられた。また、今後も世界が高い経済成長を持続し大量の化石燃料が消費され続けた場合、世界平均気温が2100年には最大で5.7℃上昇する可能性があると予測している。

農作物への影響

アフリカは近年大規模な干ばつが発生し、食糧難が深刻化している。すでに2007年に公表されたIPCC第4次評価報告書によれば、アフリカの一部の地域では、降雨依存型農業での農産物収穫量が50%減少すると予想されていた。

またこのIPCC第4次評価報告書では世界の潜在的食料生産量は、地域の平均気温の上昇幅が1〜3℃までならば、全体として増収するが、3℃を超えて上昇すれば減収に転じるとされている。特にアジアの発展途上国の一部では、穀物の生産量減少に加え人口増加により飢餓の危険性が予想されている。

農林水産省の「地球温暖化が農林水産業に与える影響と対策（2007）」でも日本では年平均気温が約3℃上昇した場合、北海道の米の単収は13%増加する一方で、東北以南では8〜15%の減収が予想されている。

❶猛暑日、熱帯夜等の区分
- 猛暑日：最高気温が35℃以上になった日
- 真夏日：最高気温が30℃以上になった日
- 夏日　：最高気温が25℃以上になった日
- 冬日　：最低気温が0℃未満になった日
- 真冬日：最高気温が0℃未満になった日
- 熱帯夜：夕方から翌日の朝までの最低気温が25℃以上になった夜のこと

オゾン層破壊・大気汚染

オゾン層の破壊

オゾンは酸素原子が3つ結合した気体(O_3)である。地表から約10〜50kmが成層圏であるが、約25km付近にあるオゾンを多く含む層のことをオゾン層と呼んでいる。

オゾン層には、太陽からの紫外線を吸収する働きがあるので、地上に降り注ぐ紫外線の量が軽減されている。

しかしエアコンや冷蔵庫などに多く使用されていたフロン類が大気中に拡散してオゾン層を破壊しているとして問題になった。

1982年には南極大陸上空でオゾン層が極端に薄い部分(オゾンホール)が観測された。

1987年にはオゾン層破壊物質の生産・消費・貿易を規制することを定めたモントリオール議定書が制定された。

フロン類は人工的につくられた炭素とフッ素の化合物の総称である。そのうち塩素を含むものを特定フロン、塩素を含まず化学的に安定なものを代替フロンという。特定フロンが地上約40kmで紫外線を受けて分解されて塩素原子を放出し、この塩素原子がオゾンと反応を起こし、オゾンを酸素分子と一酸化塩素に分解してしまう。これが「オゾン層の破壊」である。

モントリオール議定書以降、我が国においても「オゾン層保護法」(1988)や「フロン回収・破壊法」によってフロン排出の規制が強化されてきたが、これらの規制の効果により、成層圏のオゾン層破壊物質の総量は、1990年代半ばのピーク時から減少しており、オゾン層は回復し始めている。このようななかで、国連環境計画(UNEP)などは2023年1月9日に、南極上空のオゾン層が2066年頃までに1980年(オゾン層破壊が顕著になる前の指標となる年)のレベルに回復するとの予測を発表した。

大気汚染

大気汚染とは、人の健康や生活に悪影響を及ぼすようになった大気の状態をいい、汚染の要因となる物質を大気汚染物質という。

その要因には火山の爆発や森林火災、黄砂などの自然的要因と人間の活動によって発生する工場や自動車の排気ガスなどの人為的要因があるが、人間の活動によって放出される硫黄酸化物や窒素酸化物によるものが多い。

◆**酸性雨**　雨には大気中の二酸化炭素が溶け込むのでふつうの雨でもpH5.6程度の弱酸性の性質をもつ。そこに工場などの排気ガスや火山性ガスに含まれる二酸化硫黄(SO_2)、窒素化合物(NOx)が大気中で反応し硫酸や硝酸となったものが混じり、酸性が強くなった雨を酸性雨という。酸性雨は国境を越えて数百から数千kmも拡散することもあり、河川や湖沼などの水質や土壌を汚染する。ほかにも、コンクリートや金属など建造物の腐食を進ませるほか、作物が栽培できなくなったり、森林が枯れたりする現象が起きている。

◆**PM2.5**　PM2.5は、酸性雨よりも人体への影響が大きいことから、近年注目されるようになってきている。PM2.5は大気中に浮遊している2.5μm以下の微小粒子状物質のことである。PM2.5は非常に小さいため、吸い込むと肺の奥深くまで入りやすく、呼吸器系の健康被害に加え、循環器系への影響も心配されている。

◆**光化学スモッグ**　大気中に光化学オキシダント(OX)が高濃度となり、モヤがかかった状態になる現象をいう。OXは自動車などから排出される窒素酸化物などが太陽の紫外線を受けて生成されるので、風が弱く紫外線が強い日中に発生する。OXが多くなると、目や呼吸器に痛みが出て、意識障害を起こすこともある。

生物多様性の保全

生物多様性とは

地球上にはさまざまな生物がいるが、それらの生物がつながりあっている状態を「生物多様性」と呼んでいる。生物多様性は1.生態系の多様性、2.種の多様性、3.遺伝子の多様性の3つに分けることができる（図1）。生物多様性は生態系（→p.28「生物のつながりと生態系」参照）を成り立たせるために欠かせない。

生物多様性が確保されていない生態系では、わずかな変動により物質循環がとぎれやすくなる。

生物多様性の保全に関わる条約

生物多様性の保全には、国際社会が協力して対策を行なう必要がある。

◆**ラムサール条約**　1971年にイランのラムサールで開催した「水鳥と湿地に関する国際会議」で採択された。生物多様性に富んだ重要な湿地を世界各国が保全し、湿地の恵みを賢明に利用していくことを目的とする条約である。日本は1980年に締約国になり、滋賀県の琵琶湖など53カ所（2021年11月現在）が条約湿地に登録されている。

◆**ワシントン条約**　1973年には、世界81カ国が参加して、野生動植物の種が不法に輸出入されないよう保護する条約（ワシントン条約）が採択され、絶滅危惧種をⅠ～Ⅲのランクに分け、ランクに応じて規制している。

◆**生物多様性条約**　ラムサール条約とワシントン条約だけでは生物多様性の保全が図れないという認識から、1993年に「生物多様性条約」が発効され、次の3点が決められた。

①多様な生物を生息環境とともに保全
②生物資源の持続可能な利用
③遺伝資源の利益の公正な分配

上記③の目的を果たすために、条約の第15条は遺伝資源アクセスの3原則ともいえる以下の原則を定めている。

1. 遺伝資源提供国の国内法令に従って取得すること
2. 遺伝資源提供国政府の事前同意のもとに取得すること
3. 遺伝資源提供者との間で、遺伝資源の移転や利用及び利益配分などの点につき、相互に合意する条件を確立して取得すること

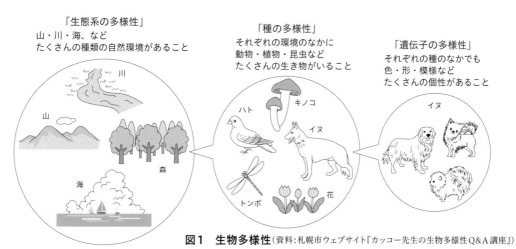

「生態系の多様性」
山・川・海、など
たくさんの種類の自然環境があること

「種の多様性」
それぞれの環境のなかに
動物・植物・昆虫など
たくさんの生き物がいること

「遺伝子の多様性」
それぞれの種のなかでも
色・形・模様など
たくさんの個性があること

図1　生物多様性（資料：札幌市ウェブサイト『カッコー先生の生物多様性Q&A講座』）

農業が環境に及ぼす負の影響と対策

農作業にともなう負の影響

農作業は環境に負荷を与えるものである。農作業による環境への悪影響には次のようなものが考えられる（図1）。

◆**農業機械による影響**
- 農業機械作業による土壌の鎮圧

◆**加温設備による影響**
- 化石燃料の使用による温室効果ガスの発生

◆**プラスチック資材による影響**
- 野焼きなどによる有害物質の発生

◆**施肥にともなう影響**
- 過剰な施肥による水質汚濁
- 肥料成分由来の温室効果ガスの発生
- 化学肥料依存による土壌の劣化、塩類蓄積

◆**病害虫防除にともなう影響**
- 不適切な農薬使用による、水質への悪影響
- 不適切な農薬使用による、生態系への悪影響

◆**田畑の管理による影響**
- 土壌粒子の流亡などによる水質汚濁
- 水田土壌からの温室効果ガス（メタン）の発生
- 水田代かき用水の排出による水質汚濁

◆**家畜飼養による影響**
- 家畜排せつ物の不適切な処理による水質汚濁
- 近隣への悪臭
- 反すう動物の消化管内発酵による温室効果ガス（メタン）の発生

水質汚濁と富栄養化

水質汚濁とはきれいな水の中に自然の浄化作用を越えて汚染物質が流れ込んだ状態をいい、汚濁物質には前項に示したように、余剰な肥料、農薬、土壌、家畜排せつ物などがある。

作物に吸収されずに残った肥料や農薬が地下水を通して河川などに流れ込み、その結果、湖水や川、海などに含まれる栄養分が自然の状態より多くなった状態を「富栄養化」と呼んでいる。

富栄養化が起こると。その原因物質を餌にする植物プランクトンや藻が急速に増え、水中の酸素不足が発生し、水の浄化機能が働かなくなったり、水中生物に悪影響が出るなど、生態系のバランスが崩れる。

また、汚れた用水は農作物の生育や品質に悪影響を及ぼす。

硝酸態窒素による影響

肥料の3要素（→p.88〈植物が育つための欠かせない元素〉の項参照）の1つである窒素はいくつかの型で土壌中に存在しているが、作物が吸収できる窒素のほとんどはアンモニア態窒素と硝酸態窒素である。

アンモニア態窒素は土壌によく吸着されるため土壌中の移動はほとんどないので、長期的に表面施用を続けると土壌表面に塩類集積（土壌中の塩分が高い状態）の被害が出ることがある。

また、アンモニア態窒素はそのまま作物に吸収されることもあるが、多くは土壌中の亜硝酸菌と硝酸菌の硝化作用によって硝酸態窒素に変えられている。

硝酸態窒素は土壌に吸着する力が弱いため作物に吸収されやすいが、降雨などによって流亡しやすく、地下水汚染の原因になっている。

また、硝酸態窒素が多量に含まれた野菜を食べた場合、体内で還元されて亜硝酸態窒素に変わる。亜硝酸態窒素は赤血球中のヘモグロビンを酸素運搬能力のない異常なヘモグロビンであるメトヘモグロビンに変化させるので、体内の酸素が不足する症状を引き起こすという報告もある。

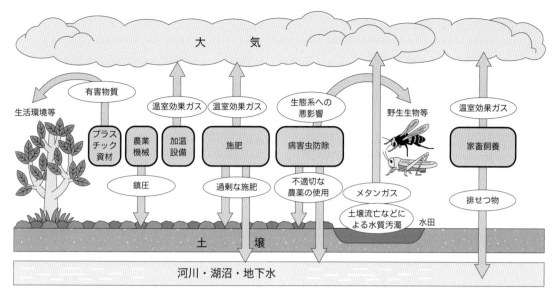

図1　農業生産活動による環境負荷発生リスク　　（資料：農林水産省『農業生産活動に伴う環境影響について』を一部改変）

水質汚染の防止対策

　1910年頃富山県神通川流域で発生した「イタイイタイ病」や1953年頃に熊本県水俣市不知火海沿岸で発生した水俣病、1965年頃新潟県阿賀野川流域で発生した第二水俣病を受けて1971年6月に「水質汚濁防止法」が施行され、2010年に一部が改正された。

　この法律は、公共用水域及び地下水の水質汚染の防止を図り、国民の健康を保護するとともに生活環境を保全することを目的とした法律で、人の健康及び生活環境に被害を生ずるおそれのあるものを含む汚水または廃液を流す施設を「特定施設」、特定施設を設置する工場または事業場を「特定事業場」として厳しい規制を行なっている。

　畜産関係では次の施設が特定施設である。

- 総面積50㎡以上の豚房
- 総面積200㎡以上の牛房
- 総面積500㎡以上の馬房

　畜産にかかわる特定事業場においては、排出水について定期的に測定し、その結果を記録・保存することが義務付けられ、違反した場合は罰金が科せられる。

　また、汚水によって健康被害が生じた場合の事業者の損害賠償責任も定められている。

環境に負荷を与えない農業

　「農業は本来、自然界の物質循環（→p.28〈生態系における物質循環〉の項参照）のなかで、環境と調和をさせながら行われてきた産業であるが、戦後（1945年以降）、食糧難を解消するために、化学的に合成された肥料や農薬、さらには労働力軽減のための農業機械の開発で生産量を大きく伸ばしてきた。しかし、前述したように、農業が環境に及ぼす負の影響が拡大し、環境に負荷を与えない農業の必要性が重視され、有機農業や総合的有害生物管理（IPM）の導入などさまざまな取り組みが行われている。

　農薬や肥料が及ぼす負の影響を軽減するために、1992年に有機農産物の表示ガイドラインが制定された。また、1999年改正の有機JAS法によって、一定の基準を満たした農産物等について有機JAS表示が行えることとなった。

　2006年には「有機農業推進法」が制定され、有機農業は『化学的に合成された肥料や農薬を使用しないこと』『遺伝子組換え技術を使用しないこと』を基本とすることとなった。

　「有機質肥料の投与による土壌改善」「天敵利用による農薬使用の削減」「食品原料由来の農薬」などを通して、環境への負荷をできる限り低減した農業技術の改善が取り組まれている。

農業が守る自然環境

里山の保全

里山とは

手付かずの自然が残る「奥山」と違い、雑木林、竹林、田んぼ、畑、ため池、牧地などの人の手が入った自然と人里をまとめて、里地里山（以下、里山）と呼んでいる（図1）。

1950年代までの雑木林は薪など燃料の供給源であると同時に、肥料や飼料の供給源でもあったため、農業とのかかわりが深く、薪炭林、農用林とも呼ばれてきた。

雑木林で刈り取った広葉樹の若い枝や草は、肥料として田んぼに入れられ、カヤなどは家畜の飼料とされていた。

雑木林や草地、水田やため池が隣接する空間は、人が利用すると同時にフナなどの魚、カエルなどの両生類、トンボの幼虫であるヤゴなど、さまざまな生物のすみかともなってきた。

また、昔から里山は集落で管理され、過度な利用を防ぐためのさまざまなしきたりがあった。これは里山の荒廃を防ぎ、人の暮らしを守るためのものであったが、同時に里山の生態系を守ることにもつながっていた。

しかし最近では、里山に人の手が入らなくなったことから、田畑の荒廃、雑草・害虫の増加、景観の破壊、野生動物の侵入などさまざまな影響が出始めている。

図1　日本の里山

SATOYAMAイニシアティブとは

日本の里山のように人の手が入って成り立っていた自然が、いま世界中で失われつつある。

自然環境の保全には、原始のままの自然を保護地区などに指定して守っていくだけではなく、人の手の入った自然も持続可能な方法で利用し、保全していくことが重要である。

環境省と国連大学サスティナビリティ高等研究所が共同で「SATOYAMAイニシアティブ」を提唱した。SATOYAMAイニシアティブは生物多様性の保全と人間の福利向上のために、二次的自然地域（長年にわたる農林業などの営みを通して形成された里山など）における人間と自然との持続可能な関係の維持・再構築を進め、自然共生社会の実現を目指す国際的な取組みである。

2010年に名古屋で開かれた生物多様性条約第10回締約国会議（COP10）において、"生物多様性および人間の福利のために人為的影響を受けた自然環境をより理解・支援するための有用なツールになる"としてSATOYAMAイニシアティブが認められた。

また、この取り組みを国際的な協力のもとで進めるためにSATOYAMAイニシアティブ国際パートナーシップ（IPSI）が創設された。

この機関には世界中の国、市民団体、学術・教育・研究機関など多岐にわたる団体が参加し、次の6つの視点に立って、活動している。
- 環境容量・自然復元力の範囲内での利用
- 自然資源の循環利用
- 地域の伝統・文化の評価と重要性の認識
- 多様な主体の参加と協働
- 社会・経済への貢献
- 地域のレジリエンス（回復力・復元力）の向上

農業・農村を取り巻く生き物

水田と生き物

かつて農地では人の営みとそこで暮らす生物がかかわりあってきた。

年間を通して田に水がある湿田は、カエル、ホタル、アキアカネなどの産卵の場となっていたが、近年では用水路がコンクリート化され、必要に応じて水を抜き乾燥させる乾田が多くなり、上記の生物も産卵の場を失い、メダカなどは絶滅危惧種に指定されている。そのようななか各地で、豊かな農業生態系を復活させようという動きもみられる。

兵庫県豊岡市の「コウノトリ育む農法」では冬にも水を張る「冬期湛水」と田植えの1カ月前から水を張る「早期湛水」を組み合わせ、ほぼ一年中、水田に水を溜め、コウノトリの餌となる昆虫やカエルなどを増やし、コウノトリもすめる豊かな環境づくりを目指している。

コウノトリは昆虫やカエルなどを食べるだけでなく、水中の雑草の種子なども食べるので除草作業も軽減される。またコウノトリの糞は作物の肥料にもなりイネを育てている。

千葉県印西市の「白鳥の郷」は不耕起の水田に水を張りハクチョウやカモなどの冬鳥の飛来地になっている。

新潟県佐渡市では、農業基盤整備で取り払われていた「江」という水路を復活させた(図1)。

「江」には一年中水があるので、水田の中干し(→p.100「イネ」参照)時期であってもドジョウなどの水田の生物の避難場所となっている。またこのドジョウを餌としてトキなどの鳥も集まる。佐渡では「江」を活かしてトキと共生する減農薬の米づくりが行なわれている。

また、農業用水路と水田に川魚が産卵のために行き来できる魚道を設置する動きもみられ、このように水田が生き物を育て生き物が水田を育てることの大切さが再認識され始めている。

農村人口の減少と鳥獣害

里山が利用されなくなったことや農村人口の減少により野生鳥獣による被害が増加し、現在全国の農村において大きな問題となっている。

かつての集落では、燃料や肥料、建築材などに里山の木々が利用されていた。しかし1960年代に入り、里山の木々が燃料などに利用されなくなり、里山に人の手が入らなくなったことで、野生鳥獣の生活圏が集落のすぐ隣までせまり、被害が広がる要因の1つになっている。

また、労働力不足などにより、耕作放棄地が薮となれば、野生鳥獣にとっては良い隠れ場所になり、餌の豊富な農地に接近しやすい環境になってしまうことも鳥獣害を増やす要因になっている。

表1 野生鳥獣による農作物被害額の推移

2010年度	239億円
2015年度	176億円
2020年度	161億円
2022年度	156億円

(資料:農林水産省「鳥獣被害の現状と対策　令和5年3月」)

図1　通年湛水承水路「江」
佐渡市周辺の地域では、承水路(背後地からの水を遮断し、水田に流出させずに排水するための水路)や温水路(水田に入れる前に水を温めるための水路)として「江」が設置されることがあった。　　　　　　　　　　　　(写真提供:佐渡市)

環境にやさしい生活

循環基本法と食品リサイクル法

循環基本法と3R

2001年に大量生産、大量消費、大量廃棄型の社会のあり方を見直し、環境への負荷を低減した「循環型社会」を形成するため、循環基本法（循環型社会形成推進基本法）が施行された。この法律では循環型社会の形成に向けた基本原則として、循環資源（廃棄物などのうち有用なもの）の循環的な利用及び適正な処分を行なうために、次のように優先順位が規定されている。

①廃棄物の発生抑制⇒②再利用⇒③再資源化⇒④熱回収⇒⑤適正処分

また、循環基本法に基づき、廃棄物の適正処理に向けて「資源有効利用促進法」や「食品リサイクル法」など9つの法律が定められている。

◆資源有効利用促進法

この法律は循環型社会を形成していくために必要な取り組みである3R＝リデュース（廃棄物の発生抑制）、リユース（再利用）、リサイクル（再資源化）を推進するための法律である。また、消費者がゴミの分別を容易にし、市町村の分別収集を促進するために、この法律で製造事業者等に対して、図1に示した5種類の容器・包装に、所定の識別マークを表示する義務を課している。

◆ペットボトルの分別方法

分別は同じ素材でまとめることが基本である。

ペットボトルはボトル本体とキャップ、ラベルで素材・特徴が違うので、別々に分別する。

- **本体**：ポリエチレンテレフタラート（PET）
  卵パック、ペットボトル等に再生
- **キャップ**：ポリプロピレン（PP）
  食用油のボトル、カーペット等に再生
- **ラベル**：ポリスチレン（PS）
  発泡スチロール、CDケース等に再生

また指定表示製品ではないが、業界団体が独自に定めた段ボール、飲料用紙パックの認定マークもある。（図1）

また、消費者や企業側からの取り組みとして新たに④リフューズ（過剰包装を断る）と⑤リペア（修理して長く使用）の2つのRが加えられている。

食品リサイクル法のあらまし

食品の売れ残りや食べ残し、または食品の製造過程において食品廃棄物❶が大量に発生している状況の改善を図るために、2001年に食品リサイクル法（食品循環資源の再生利用等の促進に関する法律）が施行された。

この法律では、食品リサイクルにあたり取り組みの優先順位が設定されている。その取り組みの優先順位は循環基本法の基本原則にのっと

表示が義務化されているもの
アルミ
飲料用
アルミ缶
スチール
飲料用
スチール缶
プラ
プラスチック製容器包装（飲料用：酒類・特定調味料用のPETボトルを除く）
紙
紙製容器包装
1
PET
飲料用・酒類・特定調味料用のPETボトル
業界団体などが自主的に表示しているもの
段ボール
紙パック
飲料用
紙パック

図1　容器包装の識別マーク例
自治体によって分別の仕方に違いがあるので、必ずその自治体のゴミの出し方を確認する必要がある。

り定められており、次のように示されている。

①食品廃棄物の発生を抑制する。

②資源化できるものの再生利用を進める。

　再生利用は食品循環資源❷の有する成分やカロリーの有効活用、飼料自給率の向上の観点から（1）飼料自給率を優先し、次いで、（2）肥料、（3）きのこ菌床、（4）メタン化等の順とする。

③近くに再生する工場がない場合や再生工場があっても再生利用が困難な食品廃棄物の場合は、一定以上の効率でエネルギーを得ることができるときに限り、熱回収を行なう。

④再生利用や熱回収ができない食品廃棄物については脱水、乾燥などにより廃棄量を減少させる。

　なお、2021年度の食品産業全体の食品廃棄物等の年間発生量は1670万tで、食品循環資源の再利用等実施率は87％となっている。

　再利用実施率を業種ごとに見ると食品製造業が96％と最も高く2024年度の目標値95％を超えているが、外食産業は35％にとどまり、2024年度の目標値50％から大きく遅れている。

食品ロスとその現状

　「食品ロス」は本来食べられるにもかかわらず廃棄されている食品のことをいい、食べ残しや賞味期限切れ、売れ残り、過剰に作られ捨てられた食品などが該当する。

　2021年度に各家庭から排出された「家庭系食品ロス」は244万t（全体の47％）、小売店、飲食店、食品製造業などから排出された「事業系食品ロス」は279万t（約53％）で、日本全体の食品ロス量は約523万tと推計されている。

　食糧支援機関である国連WFP（世界食糧計画）が2021年に世界中の人に届けた食料は440万tであるが、同年の日本の食料ロス量はその1.2倍になっている。

　食品ロス量が多い事は食料を無駄にしていることになるが、それだけではなく、捨てられたゴミの焼却に伴う環境問題も深刻な問題になっ

ている。食品ロスを100t削減できれば、46tの二酸化炭素を削減できるとされている。そのため、政府は2030年度には2000年度の980万tから半減させることを目標にしている。

表1　食品ロスの発生量と目標　　（単位：万t）

年度	家庭系	事業系	合計
2000	433	547	980
2012	312	331	642
2013	302	330	632
2014	282	339	621
2015	289	357	646
2016	291	352	643
2017	284	328	612
2018	276	324	600
2019	261	309	570
2020	247	275	522
2021	244	279	523
（目標）2030	216	273	489

※端数処理により合計と内訳が一致しないことがある。
資料：農林水産省・環境省

---

❶食品廃棄物：魚の骨や野菜の芯、貝殻など食べられないで捨てられているものと本来は食べられるが捨てられているものを含めていう。

❷食品循環資源：食品廃棄物のうち有用なもの。

地球温暖化に対する政府の取り組み

政府実行計画

　政府は、地球温暖化対策の推進に関する法律（平成10年法律第117号）第20条に基づき、地球温暖化対策計画に即して、政府の事務及び事業に関する温室効果ガスの排出削減計画である政府実行計画を策定するものとされている。

　2016年5月、地球温暖化対策計画と併せ、政府実行計画が閣議決定された。実行計画の期間は2016年度〜2030年度となっている。

　2021年4月に表明された2030年度温室効果ガス削減目標を踏まえ、同年10月に、地球温暖化対策計画の改定が閣議決定され、併せて政府実行計画も改定された。こちらの計画期間は閣議決定日〜2030年度となっている。

　地球温暖化対策の推進に関する法律第21条第7項において、政府は、毎年一回、政府実行計画に基づく措置の実施状況（温室効果ガス総排出量を含む。）を公表することとされている。

　2021年10月に閣議決定された政府実行計画では、政府の事務・事業に関する温室効果ガスの排出削減計画が示された。

　2030年度までに2013年度比で温室効果ガスを50％削減することが目標とされた。この目標を達成するために太陽光発電の最大限の導入、新築建築物のZEB化、電動車・LED照明の導入の徹底、積極的な再エネ電力調達を率先して実行することとした。

新計画に盛り込まれたおもな取り組み内容

- 太陽光発電設備を設置可能な政府保有の建築物（敷地含む）のうち50％以上に太陽光発電設備を導入することを目指す。
- 政府が今後予定する新築事業については原則ZEB Oriented相当以上とする。ZEB Orientedとは30〜40％以上の省エネ等を図った建築物のことである。また、2030年度までには新築建築物の平均がZEB Ready相当となることを目指す。ZEB Readyとは50％以上の省エネを図った建築物のこと。
- 新規導入・更新する公用車については2022年度以降すべて電動車とし、2030年度までにはすべての公用車を電動車とする。（公用車に代替可能な電動車がない場合等を除く）電動車とは、電気自動車、燃料電池自動車、プラグインハイブリッド自動車、ハイブリッド自動車を示す。
- 政府全体のLED照明の導入割合を2030年度までに100％とする。
- 2030年までに各府省庁で調達する電力のうち60％以上を再生可能エネルギー電力とする。
- 廃棄物の3R＋Renewableプラスチックごみをはじめ庁舎等から排出される廃棄物の3R＋Renewableを徹底し、サーキュラーエコノミーへの移行を総合的に推進する。
- 2050年カーボンニュートラルを見据えた取り組み
- 2050年カーボンニュートラルの達成を目指し、庁舎等の建築物における燃料を使用する設備について、脱炭素化された電力による電化を進める。電化が困難な設備については、使用する燃料をカーボンニュートラルな燃料へ転換することを検討する。当該設備の脱炭素化に向けた取り組みについて具体的に検討し、計画的に取り組む。

（資料：2021年度における政府実行計画の実施状況〈概要〉）

食の基礎分野

健康によい食習慣

健康を維持するために重要なことは「食事」「運動」「休養」である。

食事は私たちが生きるうえで欠かせないが、なにより大切なのは健康的な食生活を実践することである。

食事をとることで、エネルギーを得て体温を保ち、運動し、内臓が休みなく働くことができる。また体の成分をつくり、体の調子も整える。食事内容のバランスをとることと食事のリズムが大切だ。また、家族や友達と一緒に食べることによって食べる楽しみが増え、心の交流が深まるとともに、心身の健康へとつながる。

健康によい食習慣として、以下の2点があげられる。

・バランスのよい食事を1日3食きちんととる

「朝食」をとると体温が上がり、頭や体が活動状態になるため、1日をスタートさせるエネルギー源として重要である。

・塩分や脂質を適量摂取する

塩分を過剰に摂取し続けると、高血圧症を誘発する可能性がある。また脂質を過剰に摂取すると、血液中の中性脂肪と悪玉コレステロールであるLDL－コレステロールが増加する一方で、善玉コレステロールであるHDL－コレステロールは減少し、肥満や脂質異常症につながる。LDL－コレステロールが増えると血管にたまりやすくなり、動脈硬化につながる。

高血圧症、肥満、脂質異常症、動脈硬化はいずれも生活習慣病であり、正しい食習慣によって予防・改善することが大切である。

食生活指針10項目を活用する

がん、心臓病、脳卒中、糖尿病などの生活習慣病の増加が国民の大きな健康問題になってきた。その予防を目的の1つとして、2000年3月に当時の文部省、厚生省および農林水産省が連携し、さらに2016年に改訂し、食生活の改善に取り組むための具体的な目標として次のような10項目からなる「食生活指針」を策定して推奨している。

①食事を楽しみましょう。

健康寿命を伸ばすためには、バランスのとれた食事を無理なく続けていくことが重要であり、そのためには、食事に美味しさや楽しみが伴っていることが大切である。

②1日の食事のリズムから、健やかな生活リズムを。

朝食の欠食は、肥満や高血圧などのリスクを高め、また1週間あたりの朝食摂取回数が少ないと脳出血のリスクが高くなるとの報告もされている。自分なりのリズムで規則的に食事をとることが、健康的な生活習慣の実現にもつながる。

③適度な運動とバランスのよい食事で、適正体重の維持を。

健康の保持・増進のためには、適度な運動を日常的に行うことが重要で、適正なエネルギー量を消費し、身体機能や筋力を維持し、必要な食事量を維持することも大切である。

④主食、主菜、副菜を基本に、食事のバランスを。

主食、主菜、副菜という献立を基本とすることで、必要な栄養素をバランスよくとることができる。1日に主食・主菜・副菜のそろう食事が2食以上ある場合、1食以下と比べて、栄養素のバランスに優れている。

外食や加工食品・調理食品を上手に利用し、手作り料理と組み合わせることで、無理なく多

様な食品をとることができ、食事の栄養バランスを改善することができる。

⑤ごはんなどの穀類をしっかりと。

炭水化物は人が活動するための重要なエネルギー源であり、穀類は、炭水化物の主要な供給源という重要な役割を果たしている。穀類のなかでも米は、日本の気候・風土に適し、自給可能な作物であることから、国産米を消費し、米の生産を促すことは食料の安定供給面からも重要である。

⑥野菜・果物、牛乳・乳製品、豆類、魚なども組み合わせて。

カリウム、抗酸化ビタミン等の栄養素や食物繊維を適量摂取するためには、十分な野菜をとることが必要である。またカルシウムを適正に摂取するためには、牛乳・乳製品、緑黄色野菜を含む野菜、豆類、小魚など、様々な食品をとるようにする。

⑦食塩は控えめに、脂肪は質と量を考えて。

食塩のとりすぎは、高血圧、脳卒中、心臓病、胃がんを起こしやすくする。また脂肪はとりすぎに気をつけるとともに、食品に含まれる脂肪酸が動物、植物、魚類のどれに由来するものなのか、脂肪の質にも配慮する。

⑧日本の食文化や地域の産物を活かし、郷土の味の継承を。

日本の食文化を学び、食材に関する知識や調理技術を身につけ、地域や家庭で受け継がれてきた料理や作法を次の世代に伝えていくことが重要である。また郷土料理を食卓に取り入れることは、多様な栄養素や食品の摂取、食事を楽しむといった面からも好ましい。

⑨食料資源を大切に、無駄や廃棄の少ない食生活を。

日本では家庭から排出される食品ロス量の推計結果が、2019年の数値で261万tとなってい

る。この食品ロスを処分するために環境に強い負荷が掛かることを考えれば、一人一人が買いすぎや作りすぎに注意して、適量を守ることが重要である。

⑩「食」に関する理解を深め、食生活を見直してみましょう。

生涯を通じて健康的な食生活を送るには、子どもの頃から、食品の安全性を含めた「食」に関する正しい理解や望ましい習慣を身につけることが必要である。その上で健康の保持・増進のためには、それぞれが健康目標をつくり、食生活を見直し、健康的な食生活を実践する必要がある。

肥満度チェック法（体重は適正か）

肥満度をあらわす指標として国際的に用いられているのがBMI（Body Mass Index）である。計算式は以下のとおりで、身長はcmではなくmで計算する。

$$BMI＝体重(kg)÷｛身長(m)｝^2$$
例：身長170cmで体重60kgの人の場合
$$BMI＝60÷(1.7×1.7)＝20.8$$

食生活指針では、BMI（18歳以上）を次のような目標値としている。

目標とするBMIの範囲（18歳以上）

年齢（歳）	目標とするBMI（kg/m²）
18～49	18.5～24.9
50～64	20.0～24.9
65～74	21.5～24.9
75以上	21.5～24.9

出典：厚生労働省「日本人の食事摂取基準（2020年版）」

栄養素の種類と働き

　毎日の食生活から摂取する栄養素の働きは、
- エネルギー源になる
- 体の組織をつくる
- 体の調子を整える

の3つがあげられるが、そのために必要な栄養素は次のとおりである。

五大栄養素の働き

　栄養素のうち、「炭水化物(糖質)」、「脂質」、「タンパク質」を三大栄養素という。これら3つの栄養素は「エネルギー源」になる。また、脂質とタンパク質は「体の組織をつくる」栄養素になる。

　三大栄養素に、「無機質」と「ビタミン」を加えたものを五大栄養素と呼ぶ。無機質とビタミンは、「細胞内外の液に溶けて浸透圧を調節する」「三大栄養素の吸収や体内での変換といった一連の働きを助ける」など、「体の調子を整える」働きがある(図1)。

　食事をとるときはエネルギー源だけでなく、無機質、ビタミンの多い食品も積極的に食べるとバランスのよい食生活になる。つまり、バランスの取れた食生活をするには「何をどのくらい食べたらよいか」という食品の知識や栄養の知識が必要不可欠である。

	炭水化物	脂質	タンパク質	無機質	ビタミン
栄養素の働き	炭水化物には糖質と食物繊維がある。糖質はエネルギー源になる。「食物繊維は五大栄養素にはならないが、腸の調子を整えるなど、健康によい働きをする。」	効率のよいエネルギー源。細胞膜やホルモンなどの原料にもなる。脂質が余った場合は、体脂肪として貯えられる。	筋肉や臓器、血液などの構成成分。エネルギー源にもなる。アミノ酸で構成され、アミノ酸バランスが良いものが良質。	食品に含まれる量は少ないが、骨や歯をつくったり、体の調子を整える大切な働きがある。おもなものは、カルシウム、鉄、マグネシウム、亜鉛など。	おもに体の調子を整える働きがある。脂溶性ビタミン(A、D、E、K)と水溶性ビタミン(B_1、B_2、Cなど)がある。
多く含む食品	ごはん、パン、麺類、いも類、豆類、果物、砂糖など	植物油、魚油、バター、マーガリン、ラード、牛脂、種実類など	肉、魚、卵、牛乳・乳製品、大豆・大豆製品、麩など	牛乳・乳製品のカルシウム、レバー、貝類、海藻類の鉄、カキの亜鉛など	野菜、いも類、果物、穀類、豆類など

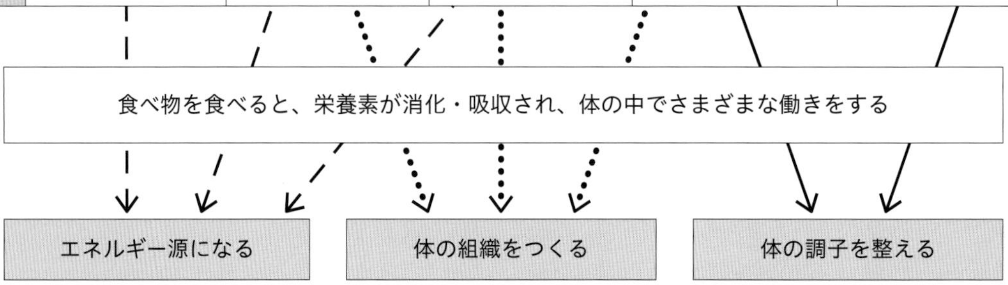

食べ物を食べると、栄養素が消化・吸収され、体の中でさまざまな働きをする

エネルギー源になる	体の組織をつくる	体の調子を整える

図1　五大栄養素の働き

食物繊維の大切な働き

食物繊維はエネルギー源にはならないが、五大栄養素に続く6番目の栄養素とも呼ばれ、腸の働きをよくして「便秘を予防・改善する」「糖質の消化吸収を遅らせる」「血圧を調整する」「コレステロール値を正常化する」など、生活習慣病予防にも役立つ。

食物繊維は「ヒトの消化酵素によって分解されない食物中の成分」と定義されている。食物繊維には水溶性と不溶性があり、水溶性食物繊維には果物や野菜に含まれるペクチン、昆布などに含まれるアルギン酸などが、不溶性食物繊維には植物の細胞壁をつくるセルロースやヘミセルロースなどがある（図1）。

食物繊維はヒトの消化酵素で消化できないので、食べても食物繊維が生み出すエネルギーはごくわずかである。しかし必要量の食物繊維を摂取した場合、さまざまな生活習慣病の発症率や死亡率が低減することが数多く報告されている。

報告されているものとしては総死亡率、心筋梗塞の発症・死亡率、脳卒中の発症率、循環器疾患の発症・死亡率、2型糖尿病の発症率、乳がんの発症率、胃がんの発症率、大腸がんの発症率などがある。例えば、食物繊維をほとんど摂取しない場合に比べて、20g/日程度摂取していた集団では心筋梗塞の発症率が15％ほど低かったという報告がある。

2型糖尿病の発症率との関連では、食物繊維を1日20g以上摂取した場合に発症率の低下が観察されており、1日20gという数値が発症率低減の閾値である可能性もある。

また、食物繊維の摂取量が増えると、血中総コレステロールおよびLDLコレステロールの濃度が低下することも報告されているが、これは水溶性食物繊維に限られるとされている。

さらに、食物繊維の摂取量が増えると体重が低減するという報告もある。

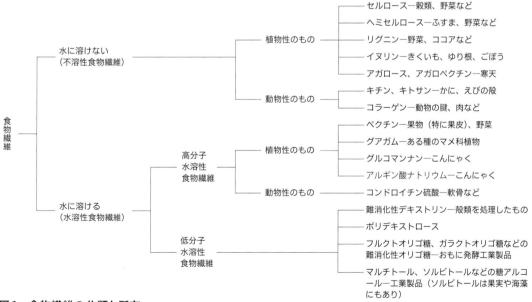

図1　食物繊維の分類と所在
「何を食べたらよいのか」、日本農芸化学会 編. 学会出版センター (1999)

6つの基礎食品群

　健康的な食生活を送るためにはどのような食品から栄養素をとったらよいのか、その物差しとなるのが、次の6つの基礎食品群である（表1）。

　毎回の食事でこのなかから各1種類以上の食品を食べるように心がければ自然に栄養素のバランスがとれた食事ができるようになる。

　また、摂取食品数が少なすぎれば、必要な栄養素量を確保できないので、一応の目安として「1日30品目」が目標となった。ただし2000年に出された「新しい食生活指針」では「30」という数字にとらわれて、食べ過ぎてしまったり、数え方が不明確で食事が楽しめないなどの実情を踏まえて、「主食、主菜、副菜を基本に食事のバランスを」という目標に改定されている。

表1　6つの基礎食品群

	食品群	食品群に含まれている栄養素・働き
おもに体の組織をつくる	**1群** 魚・肉・卵・豆・豆製品	**おもにタンパク質を多く含む** • 動物性食品（魚・肉・卵）と植物性食品（豆・豆製品）に分けられる • 脂質や無機質・ビタミン類も多く含む • 特に卵は良質のタンパク質を含んでおり、栄養的に優れている • 大豆は豆腐や味噌、納豆など加工食品にすると消化が良くなる • 筋肉などをつくる • エネルギー源となる
	2群 牛乳・乳製品・小魚・海藻	**おもに無機質（カルシウムなど）を多く含む** • 牛乳・乳製品は良質なタンパク質のほか、ビタミン B2 も多く含む • 小魚には、タンパク質も含まれている • 海藻には、ヨウ素や食物繊維も多く含まれている • 骨や歯をつくる。体の各機能を調節する
おもに体の調子を整える	**3群** 緑黄色野菜	**おもにビタミン A（カロテン）を多く含む** • にんじんやほうれんそうなどの色の濃い野菜を緑黄色野菜といい、カロテンを多く含む • 緑黄色野菜は、ビタミン C や無機質、食物繊維も多く含む • 皮膚や粘膜の保護、体の各機能を調節する
	4群 そのほかの野菜・果物	**おもにビタミンCを多く含む** • キャベツなどの緑黄色野菜以外の野菜（淡色野菜）やりんごなどの果物には無機質、食物繊維も多く含まれている • かぶやねぎなど部分によって含まれる栄養素が異なるものもある • 体の各機能を調節する
おもにエネルギー源になる	**5群** 米・パン・麺・いも・砂糖	**おもに炭水化物を多く含む** • 米、パン、麺などの穀類は、ビタミン B1 や食物繊維も多く含む • いも類はビタミン C や食物繊維も多く含む • 砂糖のほか、糖分を含む菓子類や飲料などは、この群に分類される • エネルギー源となる
	6群 油脂	**おもに脂質を多く含む** • バター、ラードなどの動物性油脂と、大豆油、ごま油などの植物性油脂に分類される • バターには、ビタミン A も含まれている • マヨネーズ、ドレッシングなど油脂を多く含む食品は、この群に分類される • エネルギー源となる

食事バランスガイド

食事のバランスを毎日守るというのは、計算や記録付けが必要で個人では大変な作業となる。そこで編み出されたのが、1日になにをどれだけ食べたらよいかを一目でわかるようにイラストで示した食事バランスガイドである（図1）。

図の上の方に「水・お茶」と書かれた部分とそのまわりを走る人が描かれている。そのすぐ下には「食パン・ごはん・うどん・おにぎり」があり、その横に5−7つ（SV）主食と書かれている。その下に副菜、主菜、牛乳・乳製品、果物と続いている。

この図は全体でコマをイメージしており、およそ逆三角形をしている。5つの区分に分けられており上の区分の食品ほど面積が広く、しっかり食べる必要があることを示している。例えば、副菜は主菜より上にあり面積も広いので、主菜より多く食べなくては食事のバランスはくずれてしまう。

これが、食事バランスガイドの大きな特徴である。現代の日本人には野菜が不足しがちなので「主食をしっかり、主菜より副菜（野菜類など）を多くとりましょう」と食事のバランスの大切さを訴えている。

では実際にどれだけの量を食べればよいのか。バランスガイドでは量を表す単位としてSV（サービング）という考え方を用いている。これは料理の一品を1つとして考えるもので、食べる量をグラムで示すより、日常生活のなかで利用しやすい。例えばごはん100gとするよりごはん小盛1杯（1SV）とした方が外食などのときも計算しやすいからである。

図1のコマは1日の総摂取カロリーが2200kcal±200kcalのものである。この場合、主食は5−7SVと表示されている。主食にあたるごはん、パン、うどんなどを組み合わせて1日に5−7SV摂取すればよい。

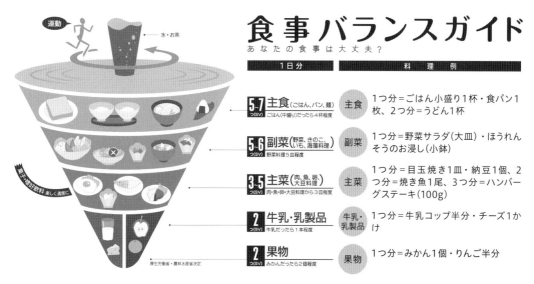

活用の仕方：主食については1日（3食）で5〜7つ（SV）になればよい。料理例を参考に、食事の内容と量を考える。

図1　食事バランスガイド（基本形）

料理ごとのSV数の目安は、農林水産省などが公開しているSV早見表（表1）などにより知ることができる。また丼ものやカレーライスなど主食と副菜、主菜が組み合わされている料理などについても、それぞれのSV数がわかるようになっている。例としてカレーライスは主食2SV、副菜2SV、主菜2SVである。

年齢や性別、活動量によっても、1日に必要なカロリーは異なるので、図で示した基本型以外に総摂取カロリーの少ないものと多いものの2パターンのバランスガイドがある。

主食、副菜、主菜に加え、牛乳・乳製品、果物をとることも重要である。

運動の大切さ、水分をとる必要性についても表現している。コマを回す力が運動であり、コマの軸が水分をあらわしている。水分は栄養素に含まれないが、生命維持のために必要不可欠なもので、成人では体重の約60％を占めている。飲料水や食品中から1日におよそ3Lの水分をとる必要がある（体重60kgの成人の場合）。

表1　SV早見表

料理名	「つ（SV）」サイズ（いずれも主材料の重量、栄養素量による）					料理の主材料とその重量（単位：g）
	主食	副菜	主菜	牛乳乳製品	果物	
おにぎり（1個分）	1	—	—	—	—	ご飯　100
食パン（6枚切り）	1	—	—	—	—	食パン（6枚切り）60
ラーメン	2	—	—	—	—	中華茹でめん　230
ほうれん草のお浸し	—	1	—	—	—	ほうれん草　80
かぼちゃの煮物	—	1	—	—	—	かぼちゃ　100
レタスときゅうりのサラダ	—	1	—	—	—	レタス　30、キュウリ　25、トマト　30
鶏肉のから揚げ	—	—	3	—	—	皮つき鶏もも肉　100
ギョーザ	—	1	2	—	—	豚ひき肉　50、キャベツ　100
豚肉のしょうが焼き	—	—	3	—	—	豚かたロース肉　100
ヨーグルト	—	—	—	1	—	ヨーグルト　83
チーズ	—	—	—	1	—	チーズ　20
牛乳	—	—	—	2	—	牛乳　200
もも	—	—	—	—	1	もも　100
みかん	—	—	—	—	1	みかん　100
りんご	—	—	—	—	1	りんご　100

農林水産省　SV早見表より抜粋

食生活と健康

年齢によって変わる食事摂取量

必要な栄養は人それぞれ

　健康を維持・増進し、成長するために日本人に必要なエネルギーや栄養素の量を示したものを「日本人の食事摂取基準」といい、年齢・性別・日常生活の活動内容の違いによって示されている。これに基づき栄養指導等が行なわれる。

　現在の日本人の食事摂取基準（2020年版）については、栄養に関連した身体・代謝機能の低下を回避するという視点から、健康の保持・増進、生活習慣病の発症予防及び重症化予防、さらに、高齢者の低栄養予防やフレイル（加齢にともなって身体機能の低下が進み、このことか

ら健康障害を起こしやすくなっている状態のこと）予防も視野に入れて策定されている。

　現代の日本人はカルシウムや鉄が特に不足しがちといわれている。カルシウムや鉄はそれぞれ牛乳・乳製品、肉類や豆類から効率よく摂取することができる。一方、過剰摂取が指摘されているのはナトリウムである。ナトリウムの最大の供給源は食塩（塩化ナトリウム）である。食塩のとりすぎは、高血圧や糖尿病に関係があることが医学的に確認されている。日本人の食事摂取基準（2020年版）では食塩摂取の目標量を18歳以上の男性で7.5g未満/日、同女性で6.5g未満/日に設定している。

表1　「日本人の食事摂取基準（2020年版）」におけるタンパク質、脂質、炭水化物及び食塩相当量（いずれも摂取目標値）

性別	男性				女性			
年齢等	タンパク質 (%エネルギー)[*2]	脂質 (%エネルギー)	炭水化物 (%エネルギー)	食塩相当量[*1] (グラム/日)[*3]	タンパク質 (%エネルギー)	脂質 (%エネルギー)	炭水化物 (%エネルギー)	食塩相当量 (グラム/日)
0 〜 11（月）	−	−	−	−	−	−	−	−
1 〜 2（歳）	13 〜 20	20 〜 30	−	3.0未満	13 〜 20	20 〜 30	−	3.0未満
3 〜 5（歳）	13 〜 20	20 〜 30	50 〜 65	3.5未満	13 〜 20	20 〜 30	50 〜 65	3.5未満
6 〜 7（歳）	13 〜 20	20 〜 30	50 〜 65	4.5未満	13 〜 20	20 〜 30	50 〜 65	4.5未満
8 〜 9（歳）	13 〜 20	20 〜 30	50 〜 65	5.0未満	13 〜 20	20 〜 30	50 〜 65	5.0未満
10〜11（歳）	13 〜 20	20 〜 30	50 〜 65	6.0未満	13 〜 20	20 〜 30	50 〜 65	6.0未満
12〜14（歳）	13 〜 20	20 〜 30	50 〜 65	7.5未満	13 〜 20	20 〜 30	50 〜 65	6.5未満
15〜17（歳）	13 〜 20	20 〜 30	50 〜 65	7.5未満	13 〜 20	20 〜 30	50 〜 65	6.5未満
18〜29（歳）	13 〜 20	20 〜 30	50 〜 65	7.5未満	13 〜 20	20 〜 30	50 〜 65	6.5未満
30〜49（歳）	13 〜 20	20 〜 30	50 〜 65	7.5未満	13 〜 20	20 〜 30	50 〜 65	6.5未満
50〜64（歳）	14 〜 20	20 〜 30	50 〜 65	7.5未満	13 〜 20	20 〜 30	50 〜 65	6.5未満
65〜74（歳）	15 〜 20	20 〜 30	50 〜 65	7.5未満	15 〜 20	20 〜 30	50 〜 65	6.5未満
75以上（歳）	15 〜 20	20 〜 30	50 〜 65	7.5未満	15 〜 20	20 〜 30	50 〜 65	6.5未満
妊婦（付加量） 初期					13 〜 20	20 〜 30	50 〜 65	6.5未満
中期					13 〜 20			
後期					15 〜 20			
授乳婦（付加量）					15 〜 20			

＊1　食塩相当量：ナトリウムの摂取基準に併せて示される
＊2　%エネルギー：総摂取エネルギー量に対する各栄養素からの摂取エネルギー量の%値
＊3　グラム/日：1日あたりの摂取グラム数

食生活と健康

保健機能食品

保健機能食品の種類

　一般食品と医薬品の間に位置する、一定の機能をもった食品群で、特定保健用食品、栄養機能食品、機能性表示食品の3つがある（図1）。

◆**特定保健用食品（通称：トクホ）**　「おなかの調子を整える」「脂肪の吸収を穏やかにする」など特定の保健の目的が期待できる（健康の維持増進に役立つ）という機能性の表示ができる。申請された製品ごとに機能や安全性について健康増進法に基づき審査が行なわれ、消費者庁長官が許可する。

　図2のような許可マークがつけられる。

◆**栄養機能食品**　特定の栄養成分（ビタミン・ミネラルなど）を補給、補完するために利用される食品。

　国による個別の審査はなく、すでに科学的根拠が確認された栄養成分を一定の基準量含んでいれば、栄養成分の機能を表示することができる。

◆**機能性表示食品**　事業者の責任において、科学的根拠に基づいた機能性を表示した食品。販売前に安全性及び機能性の根拠に関する情報などを消費者庁長官へ届け出る必要がある。ただし、特定保健用食品とは異なり、製品ごとの許可申請は必要ない。

図2　特定保健用食品マーク

医薬品 （医薬部外品を含む）	食品			
	保健機能食品			一般食品 （いわゆる健康食品を含む）
	特定保健用食品 （個別許可型）	栄養機能食品 （規格標準型）	機能性表示食品	
	〈保健機能に関する表示内容〉 保健の用途 （疾病リスク低減含む） 注意喚起 〈対象食品〉 加工食品 新鮮・農水産物	〈保健機能に関する 表示内容〉 栄養成分機能 注意喚起 〈対象食品〉 加工食品 生鮮・農水産物	〈保健機能に関する 表示内容〉 関与成分の機能 注意喚起 〈対象食品〉 加工食品 生鮮・農水産物	保健機能に 直接関わる表示を してはならない

図1　保健機能食品の位置付けと種類

食生活と健康

日本の食卓に欠かせない主食　米飯

主食：炭水化物のある食事が大切

　日本の農業の歴史をたどると、常に稲作とともにあったことが明らかである。古くは縄文時代からイネの栽培❶は行なわれていたといわれ、その後現在にいたるまで稲作技術は不断の技術革新を続けてきた。また稲作に欠かせない水田は、人が暮らす里山の環境を支えるうえでも、大きな役割を果たしてきた。

　米が日本人の主食になった理由は、稲作が日本の風土に適していたこと、限られた農地のなかで連作が可能だったこと、そして米の主成分が炭水化物でありエネルギー源として有効だったことなどがあげられる。

米飯は体と心（頭脳）の活力源

　2枚の籾殻を取り除いたものが玄米である。玄米の最外層は、数層の細胞からなる果皮でおおわれ、その下に1層の細胞からなる種皮がある。これらに包まれた内部が胚乳である。種皮の内側に糊粉層があり、さらにその内側が澱粉が蓄積している胚乳細胞である。穂軸に付いていた基部にあたる部分には次の世代の植物となる胚芽がある。外皮、糊粉層、胚芽をとり除く「精米」をしてから調理する。玄米は、胚芽やぬかのミネラル、ビタミン、食物繊維を摂取できるので栄養豊富だが消化しにくい。白米は栄養面では劣るが、消化吸収がよく、精米技術が進んだ現代では白米の需要の方が多い。

　米飯は控えめな甘さで、和食の副菜とよく合う。米飯とおかずや汁物を交互に食べたり、口中調味も可能で、自ずと食事のバランスがよくなる。口中調味とは、米飯とおかずなどを交互に食べ、よく噛んで味を混ぜ合わせる食べ方。口中調味は食べ物を噛む回数が増え、分泌される唾液も増える。結果唾液中の酵素がより働くようになり、消化吸収の助けになる。

　米飯は炊き方によってやわらかさの調整も容易で、離乳期からお年寄りまで容易に食べられることや、腹もちがよいことも主食になり得る理由である。

　和食に欠かせない米は、品種改良が続けられ、現在ではさまざまな条件に合う300種類以上の品種がつくられている。全国的にはコシヒカリの作付面積が最も広い。

❶イネは、1粒の種から多くの収穫が望めたので（図1）、食料の乏しい時代には特に重宝された。イネ、米、飯と呼び名が変わり、食事の行為そのものを「ごはん」と名付けていることからも、主食である米への信頼が読みとれる。また、全国各地には田植えや収穫の時期に合わせて行なわれる神事や祭りが、数多く伝わっている。

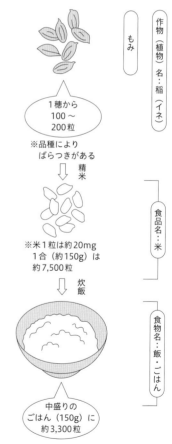

図1　米の収穫からごはんになるまで
（資料：農文協「食の検定公式テキストブック」）

日本の伝統的食生活

四季の行事食

日本の年中行事は、四季の農作業にかかわる事柄が多いのが特徴的で、その行事に合わせた行事食がふるまわれる。そのほか、長く続いた宮廷・貴族や武士の生活が、民衆の暮らしにも取り入れられ、現在でも日本の家庭に継承されている。

正月のおせち料理は最も身近な行事食である。詰める料理には地域によって差異があるが、どれも料理それぞれに意味があることは同じである。黒豆は、家族がマメに丈夫で健康に暮らせるようにとの願いが込められ、数の子は、数多くの卵から、子孫繁栄を願ったもの。栗きんとんは、黄金色からお金がたまるようになどである。

端午の節句で食べる「柏餅」には、新しい芽が出るまで古い葉が落ちない柏のように親から子、孫へと命がつながって欲しいという願いが込められている。

現代では日常食と行事食など特別な日の食事との区別があいまいになってきている（食の平準化という）が、伝統的な行事や食事を大切にし後世に残していきたい。

日本の年中行事と行事食

正月の祝膳

詰める料理は地域によって異なるが、新年の到来を祝い、家族の健康、長寿、繁栄の願いが込められている

人日（じんじつ）の七草粥

人日（1月7日）の節句は五節句の最初のひとつで、春の七草を入れた七草粥を食べる風習がある。

上巳（じょうし）の節句の白酒

上巳（3月3日）の節句は五節句のひとつ。現代においてはひな祭りとして広く知られている。起源は宮中や上流社会で行われた上巳の祓えにあるといわれている。江戸時代になると、女児のいる家で雛人形などを飾り、菱餅、白酒、桃の花を供えてまつる行事となった。

端午（たんご）の節句のちまきと柏餅

端午（5月5日）の節句は五節句のひとつ。江戸時代以降、男児の節句とされ、町人も武者人形や鯉のぼりを飾るようになった。飾り付けのほかに、ちまき、柏餅を食べ、菖蒲湯につかるなどの行事を行う。

七夕（しちせき・たなばた）とそうめん

七夕（7月7日）の節句は五節句のひとつ。7月7日に牽牛星と織女星をまつる行事。竹の枝に願いを込めた短冊を吊るす。元は宮中で行われていたものが、民間に広まったもの。

重陽（ちょうよう）の節句と菊酒

重陽（9月9日）の節句は五節句のひとつ。平安時代に中国から伝わり、宮中の行事となった。菊を眺める宴「観菊の宴」が催された。

正月の祝い膳(兵庫県)

人日(じんじつ、1月7日)に食す七草がゆ(和歌山県)

ひな祭りの五目ずしとはまぐりの潮汁(神奈川県)

端午の節句のちまきと柏餅(大分県)

七夕のお供えと飾り竹(静岡県)
赤飯、どじょうの卵とじなどをお供えする

月見のだんご(埼玉県)

(写真提供：小倉隆人、千葉寛、岩下守)

和食　日本人の伝統的な食文化

　2013年、ユネスコの無形文化遺産に「和食　日本人の伝統的な食文化」が登録された。この和食とは、日本料理の会席料理など特定されるものではなく、毎日の食卓にのぼる「ごはん（米）」と「香の物（漬物）」を含む「一汁三菜」が基本の一般的な食事と、その背景にある文化を指している。

和食の基本

　日本では、古くから主食であるごはんと香の物（漬物）、汁物に、主菜と副菜、副々菜を組み合わせて整える習慣があり、これを一汁三菜という（図1）。主菜には肉や魚、卵、大豆・大豆製品が入る。副菜は煮物などで野菜や海藻、きのこなどが入り、副々菜は和え物などを指す。この一汁三菜の組み合わせはエネルギーになる炭水化物と脂質、タンパク質のバランスがよいとされ、食品数が多く、脂肪の摂取量も抑えられる。

　この食習慣が日本人の平均寿命が長いことの理由とされ、世界から注目されている。しかし近年、日本でもこのような組み合わせで食事を整えることが少なくなってきている。大切な伝統を守り、後世へ伝えるためにも、せめて1日に1食は一汁三菜を心がけたい。

自然にとれる食物繊維

　和食は、自然と食物繊維が多くとれる点にある。野菜、豆・豆製品、海藻、きのこなどには、食物繊維が多く含まれている（表1）。男性は21g/日以上、女性は18g/日以上が目標量となっている（厚生労働省「日本人の食事摂取基準（2020年版）」18～64歳の場合）。

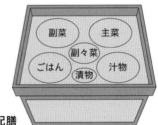

図1　一汁三菜の配膳

表1　食物繊維を多く含む食品　　　　（資料：杉山栄子ほか著『基礎栄養学』化学同人社）

	食品名	100g中含量(g)	1回に食べる量(g)		1回に食べる量に含まれる食物繊維 水溶性(g)	不溶性(g)	総量(g)
野菜類	ゴボウ（ゆで）	6.1	40	1/4本	1.1	1.4	2.4
	菜花	4.3	50	1人前	0.7	1.5	2.2
	タケノコ（ゆで）	3.3	100	中1/2個	0.4	2.9	3.3
	大根、葉（ゆで）	3.6	70	1人前	0.6	2.0	2.5
	ブロッコリー（ゆで）	4.3	50	1人前	0.5	1.7	2.2
	日本カボチャ（ゆで）	3.6	80	煮物2個	0.6	2.2	2.9
果実類	干しガキ	14.0	70	1個	0.9	8.9	9.8
	リンゴ、皮むき	1.4	200	中1個	0.8	2.0	2.8
	バナナ	1.1	100	1本	0.1	1.0	1.1
藻　類	干しヒジキ（乾）	51.8	5	煮物小鉢	―	―	2.6
	焼きノリ	36.0	2	全形1/2枚	―	―	0.7
	角寒天	74.1	2	小さじ1	―	―	1.5
豆　類	枝豆（ゆで）	4.6	40	約25さや	0.2	1.6	1.8
	糸引き納豆	6.7	50	小1パック	1.2	2.2	3.4
イモ類	サトイモ（水煮）	2.4	70	1個	0.6	1.2	1.7
	ジャガイモ（水煮）	1.6	100	小1個	0.5	1.1	1.6
穀　類	精白米、うるち米	0.5	100	1膳	0.0	0.5	0.5

「日本食品標準成分表2020年度版（八訂）」をもとに、通常の1食分の目安として計算したもの。

旬の食材

食材の旬とは、その食材が一番よく出回り、味が一番良い時期のことである。旬素材の出始めを「走り」、終わりかけを「名残」と呼ぶ。旬の野菜・果物は、新鮮で味も濃く、香りがあるため、おいしいのはもちろん、栄養価も高いのが特徴だ。

また、夏の食材は体を冷やしたり、逆に冬の食材は体を温めるなど、季節に合った働きで、体を整える。最近は多くの野菜・果物が一年中出回っている（食の周年化という）が、なるべく旬のものを選び、季節を感じたい。

旬の野菜・果物・魚

旬の野菜・果物

春	夏	秋	冬
筍、菜花、フキ、新キャベツ、きぬさや、新タマネギ、うど、アスパラガス、グリンピース、根みつば、いちご	ピーマン、えだまめ、オクラ、かぼちゃ、きゅうり、トマト、とうもろこし、なす、モロヘイヤ、ニガウリ（ゴーヤ）、すいか	さつまいも、まつたけ、しいたけ、かぶ、れんこん、チンゲンサイ、栗、菊、柿、いちじく、なし、ぶどう	ほうれんそう、山いも、京菜（水菜）、こまつな、白菜、ねぎ、春菊、ごぼう、大根、ゆりね、温州みかん

筍 ／ ピーマン ／ しいたけ ／ 大根

旬の魚（一般的に、魚は産卵期前の脂質含有量が多い時がおいしく食べられる）

春	夏	秋	冬
たい、さわら、にしん	あじ、かつお、うなぎ	さけ、さば、さんま	あんこう、たら、ぶり

たい ／ あじ ／ さんま ／ ぶり

＊旬は地域、品種、気候、栽培方法によっても異なる

日本の伝統的食生活

各地の郷土料理

旬を楽しむ郷土料理

郷土料理は地域に生きてきた先祖の人たちの営みのなかから生まれた。日々の暮らしと密接なつながりをもっている。郷土料理は家庭料理が基本であり、地域のさまざまな行事と関係しており、その地域特有の四季折々の旬の野菜や魚などを使った季節を楽しむ料理が多い。

郷土料理のいろいろ

◆いかめし[北海道]　生のいかの腹に水洗いした米またはもち米を詰めて、砂糖・醤油・酒で甘辛く炊き上げたもの。

◆じゃっぱ汁[青森県]　たらのアラを入れた味噌仕立ての汁。「じゃっぱ」とは魚の中骨、内臓、頭などのこと。

◆だし[山形県]　きゅうり、なす、みょうが、しその葉を細かくきざんで混ぜ合わせ、醤油をかけて食べる。

◆太巻きずし[千葉県]　冠婚葬祭などのごちそうとして受け継がれてきた。最近は巻き込む模様が多様化している。

◆あんこう鍋[茨城県]　あんこうは表面がヌルヌルで、まな板の上ではさばきにくいため、「つるし切り」を行ない、鍋にする。

◆焼きまんじゅう[群馬県]　ふかしたもち米と小麦粉、米麹でまんじゅうをつくり、これを串に挿して味噌だれをかけて焼いたもの。

◆金山寺味噌[静岡県]　大麦、小麦、大豆の混じった、なめ味噌用の麹を使う。かめに麹を入れ、煮たてた湯に塩を湯のみ茶わん1杯入れて溶かし、少し冷ましてから、かめに注ぎ入れてかき混ぜる。なすやきゅうりの塩漬やしょうがを入れると味がなめらかになる。

◆きしめん[愛知県]　きしめんは手打ちの平たいうどんのこと。きしめんが名古屋に定着したのは、うどんより早くゆだって安価であったからという説もある。

◆ふなずし[滋賀県]　琵琶湖のふなを塩と米とともに漬け込み、数カ月間発酵させる。米を取り除き、魚だけ食べる。

◆箱ずし[大阪府]　木型に魚の切り身と寿司飯を詰め、四角い形に整える。「大阪ずし」とも呼ばれる。

◆かき料理[広島県]　広島県はかきの生産量が第1位。フライや鍋料理などいろいろに食べられている。

◆かつおのたたき[高知県]　かつおをさばいて火であぶると、表面が焦げる。これを1cmの厚さに切って塩を振る。皿にかつおの身を並べたら、上にニンニクの薄切りを散らし、酢醤油をかける。

◆きびなごの煮物[鹿児島県]　きびなごは無塩のものを味噌で味つけして煮る。

◆がめ煮[大分県]　鶏のぶつ切りとごぼう、にんじん、こんにゃく、れんこん、いもの乱切り、しいたけなどを醤油と砂糖で煮たもの。火からおろす直前にしょうがのせん切りを散らす。

◆かんころもち[長崎県]　正月にはかんころもちをつくる。かんころ(さつまいもの切り干し)を熱湯で洗い、しばらく寝かせてやわらかくなったらせいろに入れて蒸す。これに白もちを混ぜ、よく混ざるように臼でつく。

◆冷や汁[宮崎県]　あじを火であぶり乾かしたものをすり鉢ですり、すりごまと合わせる。そのなかに豆腐と味噌を加えてさらにすり、冷まし湯でのばす。ねぎ、きゅうりの薄切り、おろししょうが、青じそを混ぜ合わせ、ごはんにかけて食べる。

世界に誇れる発酵食品

日本の食卓をのぞいてみると「発酵食品」の多いことに改めて気づく。「発酵」とは、カビや細菌、酵母などを使って人間に有益な有機物をつくらせる過程全般を指す言葉である。

日本は発酵文化の国

私たちの周りには、もともと多くの微生物が存在し、人間にとって有益なものもあれば有害なものもある。発酵に使われるカビや細菌（乳酸菌や酢酸菌など）、酵母など（表1）は、祖先の人たちが自然界から選び出し活用方法に工夫を重ね、貴重な食材を安全に食べつないでいくための保存法のひとつとして、なによりもうま味を醸成し独特のおいしさを味わう食の文化として発酵食品を発展させてきた。

日本列島は、高温多湿でカビが発生しやすいアジアモンスーン地帯に属している。その気候特性を活かして日本は、世界でも有数の発酵大国となっている。日本の発酵食品は、「麹菌（カビの一種）」を用いた発酵に特徴がある。味噌、醤油、酒、酢、みりんなど、麹菌によって日本の味ができているといっても過言ではない。麹菌による発酵をもとに、そこに複数種の菌や酵母がかかわって食品の味を深めている。

麹菌と酵母

麹菌と酵母はどちらも発酵食品の製造に欠かすことのできないものである。麹菌はカビの一種で酵母とは違い比較的複雑な構造をもつ多細胞生物である。味噌や醤油の素となる麹は蒸した米や麦に麹菌を繁殖させたものである。これに蒸した大豆、塩、水を加えることによって、麹菌による発酵が進み、味噌、醤油がつくられる。一方酵母は$5 \sim 10 \mu$m程度の単細胞生物である。酵母の形は多種多様で、球形や楕円形のもの、三角形やレモン形のものもある。酵母はパンづくりや酒造りに利用される。日本酒の場合は、米のデンプンを麹菌によって糖化し、この糖を原料にして酵母がアルコール発酵することでつくられている。

表1 微生物の種類と発酵食品

微生物の種類	発酵食品	説　明
麹菌	味噌・醤油・漬物・日本酒・甘酒・泡盛など	カビの一種。蒸した米や大豆などに繁殖する特性をもち、アジアモンスーン地帯の食文化に広くかかわっている。デンプンを糖に、タンパク質をアミノ酸に分解する働きをする。
酵母	味噌・醤油・日本酒など	自然界にふつうに存在し多くの発酵食品のもとになっている。糖を分解してアルコールと二酸化炭素（炭酸ガス）を産生する。
乳酸菌	漬物・味噌・醤油・日本酒・ふなずしなど	糖を分解して乳酸を産生する。腸内にすむ常在細菌でもあり、腸内環境を整える作用ももっている。
酢酸菌	米酢・黒酢・リンゴ酢など	アルコールを酸化して酢酸を産生する。
納豆菌	納豆	枯草菌の一種で稲わらなどに存在する。熱に強くビタミンやアミノ酸、ポリグルタミン酸など納豆ならではの成分をつくりだす。

＊発酵食品には、ほかにチーズ・ヨーグルト・パン・キムチ・ピクルス・ビール・ワインなどがある

乳酸菌

　人類が乳酸菌による発酵を利用してきた歴史は長い。世界中に存在する発酵乳は1000年〜3000年、チーズはおよそ8000年以上の歴史がある。

　乳酸菌は、細菌（バクテリア）の一種であるが、単一の細菌ということではなく、炭水化物を分解してエネルギーとし、多量の乳酸を生み出す一群の細菌を総称した呼び方である。乳酸菌は通常、「消費した糖類から50%以上の割合で乳酸を生成する細菌」と定義されている。

　乳は腐敗しやすく、昔は大量に得られる季節も限られていたため、乳より保存性の高い乳製品に加工しなければならなかった。乳加工における基本的な方法のうち、ごく自然な方法が乳酸発酵であった。

　代表的な発酵乳であるヨーグルトをつくるとき乳のなかで乳酸菌が増殖すると、乳酸によって乳タンパク質が凝固して乳全体がプリン状に固まる。またヨーグルト特有の香気は、おもに乳酸菌が生成するアセトアルデヒドなどによるものである。さらには、乳酸菌が増殖することで食中毒菌や腐敗菌の生育を阻止し、ヨーグルトの安全性と保存性が高まる。

　乳製品以外の加工食品にも乳酸発酵は活かされている。

　なれずしは、塩蔵した魚介類を米飯とともに漬け込み、乳酸発酵させたもので、「ふなずし」はわが国に現存するなれずしのうち最も古い形を残している。フナ以外にもサバ、サンマやコノシロ、アユなどを用いた「なれずし」も各地でつくられている。

　漬物には、発酵したものと発酵させないものがある。発酵漬物は乳酸菌や酵母が関与し、特有の風味を醸成し、保存性を付与する。

　すんき❶、中国の酸菜❷など塩を使わない漬物では、発酵によって酸やアルコールを生成させ、pHを低下させることで腐敗細菌を抑える。また、微生物が生成した乳酸以外の抗菌性物質によっても雑菌の増殖を防ぐ。

　一般に茶の発酵は、茶葉のなかの酵素を作用させることを意味するが、微生物（主として乳酸菌）による発酵を行なう特殊な茶があり、漬物茶と呼ばれる。日本では碁石茶、阿波晩茶、富山黒茶がこの方法によってつくられる。

---

❶「すんき」とは長野県木曽地方に古くから伝わる発酵食品で「すんき漬け」ともいい、赤カブの葉を塩を一切使わずにすんき種を加えて乳酸発酵させた無塩の漬物。

❷酸菜（さんさい）は中国東北部で白菜から作る冬季用の漬物。

食の表示と安全

食品表示の見方－生鮮食品

食品表示は、消費者に対して食品の出生を明らかにして食の安心安全を保証する方法のひとつである。同時に消費者は、生産地や生産・流通にかかわる情報を得ることができる。

生鮮食品の表示の仕方

食品表示法における生鮮食品とは、ほぼ生産地でとれたままの形と鮮度を保っている青果（野菜や果物）、鮮魚、精肉❶などの食材を指す。品質が低下しやすいために、鮮度や状態を確認して選ぶことが大切である。生鮮食品には、ほかの季節よりも多く出回る「旬」の時期がある。例えば旬の野菜は、栄養価が高く、新鮮でおいしく、かつ値段が安いという特徴がある。

生鮮食品には、一般的な「名称」とともに、「原産地名」を表示する義務があり、国産の場合は「都道府県名」あるいは「よく知られた地名」を記載し、輸入品は「原産国名」が表示されている（図1）。

広範囲に遊泳している魚の場合の原産地表示は次のようになっている。国産品の場合は、「採取（生産）した水域名」または「養殖場のある都道府県名」が記載してある。水域をまたがって漁をした場合など、水域名の記載が困難な場合は、「水揚げ港」または「水揚げ港が属する都道府県名」でもよい。輸入品は「原産国名（漁獲船の国籍）」が表示されている。養殖したものには「養殖」、冷凍品を解凍したものには「解凍」と表示する義務がある。

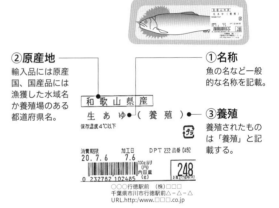

②原産地
輸入品には原産国、国産品には漁獲した水域名か養殖場のある都道府県名。

①名称
魚の名など一般的な名称を記載。

③養殖
養殖されたものは「養殖」と記載する。

図2　生鮮食品の表示
（資料：実教出版『2021生活学Navi』）

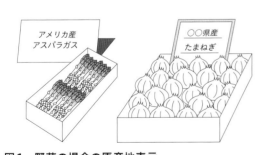

図1　野菜の場合の原産地表示
（資料：消費者庁「早わかり食品表示ガイド」）

---

❶青果・鮮魚・精肉のことを総称して「生鮮三品」とも呼ぶ。

食品表示の見方―加工食品

加工食品の表示

　加工食品とは、野菜や魚、肉などの原料にさまざまな加工をした食品である。その種類は、水産練り製品・肉加工品・乳加工品・調味料・菓子類・冷凍食品・レトルト食品・缶詰食品・インスタント食品など多岐にわたる。

　加工食品に表示が義務付けられているのは下記の10項目である。「名称」「原材料名」「原料原産地」「添加物」「内容量」「賞味期限（消費期限）」「保存方法」「栄養成分表示」「表示内容に責任をもつ者（製造者、加工者、輸入者）」「所在地」（図1）。

　添加物の場合は原則として添加物の物質名を原材料欄に表示する。

　原材料名は重量で比較して多く使われている順に記載する。

◆**消費期限**　袋や容器を開けないままで、書かれた保存方法を守って保存していた場合に、この「年月日」まで、「安全に食べられる期限」のこと。弁当、サンドイッチ、生麺など、いたみやすい食品に表示されている。

◆**賞味期限**　袋や容器を開けないままで、書かれた保存方法を守って保存していた場合に、この「年月日または年月」まで「品質が変わらずにおいしく食べられる期限」のこと。期限を過ぎたら、すぐに食べられなくなるということではない。

　開封後は、表示された期限にかかわらず早めに消費することが必要である。

　栄養成分表示は、次の5項目が義務表示となっている。

熱量／タンパク質／脂質／炭水化物／ナトリウム（食塩相当量に換算したもの❶）

◆**アレルギー物質を含む食品**　アレルギー体質の人が、特定の食物を摂取した場合、血圧低下、呼吸困難または意識障害などの健康被害がみられる。この被害を防ぐために過去の症例から危険度の高い8品目（えび・かに・小麦・そば・卵・乳・落花生またはピーナッツ・くるみ）を、アレルギー物質を含む「特定原材料」に指定し、表示が義務付けられている。このほかに「特定原材料に準ずるもの」として20品目があり、表示が推奨されている。

◆**遺伝子組換え食品**　ある生物の遺伝子を違う生物に組み入れてつくった農作物および、それを使った加工食品のこと。

　遺伝子組換えの表示が義務付けられている対象は、大豆、トウモロコシ、バレイショ、なたね、綿花、アルファルファ、てん菜、パパイヤ、からしなの9農産物とこれを原材料とした33加工食品群となる。

名称	洋菓子
原材料名	小麦粉(国内製造)＊、植物油脂、卵黄(卵を含む)＊＊、砂糖、生クリーム(乳成分を含む)＊＊、ごま、油脂加工品(大豆を含む)＊＊／加工でん粉、香料
栄養成分表示 (1個あたり)	エネルギー 96kcal、たんぱく質5g、脂質4g、炭水化物10g、食塩相当量0.5g
内容量	100グラム
賞味期限	欄外上部記載
保存方法	直射日光、高温多湿を避けてください
販売者	○○○○株式会社 東京都○○区○○○○

製造所　○○食品(株)　愛知県名古屋市○○○○○○

＊原料原産地表示
＊＊アレルギー食品表示

図1　洋菓子の表示例

❶ナトリウム(mg)×2.54÷1000 = 食塩相当量(g)

食の表示と安全

食品添加物

いろいろな食品添加物

　食品添加物には、保存料、甘味料、着色料、香料などがあり、食品の製造過程において、または加工・保存のために使用されるものである。

　食品添加物は、近年に生み出されたものも多く、長い経験則のなかで取捨選択されてきた食材とは違うものである。

　このため、食品添加物の使用に関しては、食品安全委員会の意見を厚生労働省が聞いたうえで、食品添加物が健康を損なうおそれがない場合に限り認めている。また、使用が認められた食品添加物についても、国民一人当たりの摂取量を継続して調査するなど、安全確保に努めている。

食品添加物の種類

◆**指定添加物**　475品目　安全性を評価したうえで、厚生労働大臣が指定したもの（ソルビン酸、キシリトールなど）。

表1　添加物の種類、使用目的、物質名

	種類（用途名）	使用目的	物質名の例
色	着色料	食品を着色し、色調を調整する	食用赤色2号
	発色剤	色調・風味を改善する	亜硝酸ナトリウム
味	甘味料	甘味を与える	アスパルテーム
	酸味料	酸味を与える	クエン酸
	調味料	うま味を与え、味を調える	グルタミン酸
舌ざわり	増粘剤	なめらかさと粘り気を与える	アルギン酸
変質防止	保存料	微生物の発育を抑える	ソルビン酸
	酸化防止剤	酸化を防ぐ	ビタミンE
	防カビ剤	カビの発生を防ぐ	チアベンダゾール
その他	豆腐凝固剤	豆乳を固める	塩化マグネシウム

◆**既存添加物**　357品目　1995年の法改正の際に、我が国において既に使用され、長い間使われてきたものについて、例外的に指定を受けることなく使用・販売などが認められたもの（クチナシ色素、タンニンなど）。

◆**天然香料**　約600品目　動植物から得られる天然の物質で、食品に香りを付ける目的で使用されるもの（バニラ香料、カニ香料など）。

◆**一般飲食物添加物**　約100品目　一般に飲食されているもので添加物として使用されるもの（イチゴジュース、寒天など）。

成分規格及び使用基準の設定

　安定した品質の食品添加物が流通するよう、純度や成分について遵守すべき規格（成分規格）を設定している。また、過剰摂取による健康被害が生じないよう、食品添加物ごとに添加できる上限値など（使用基準）も設定している。

摂取量調査

　市場に流通している食品から添加物の種類と量を検査し、一日摂取許容量（ADI：人が毎日一生涯摂取し続けても、健康への悪影響がないと推定される一日当たりの摂取量）の範囲内にあるかどうかを確認している。

既存添加物の安全性確保の推進

　既存添加物の安全性評価を推進する一方で、既に使用実態のないことが判明した既存添加物については、既存添加物名簿からその名称を消除している。

食品の安全に関する制度

私たちが口にする食物がどのように生産されているのかを知るというのは、食品の安全安心には欠かせない。そのひとつに食のトレーサビリティ❶がある。

生産履歴

食のトレーサビリティは、「食品の生産履歴の遡及・確認性」を意味し、農作物や畜産物がどこの産地で、誰によって、どのようにして生産されたか（生産履歴）、流通、加工を経て消費者の口に入るまでの過程の追跡ができるように記録し、消費者がどこで誰が生産したかを遡って確認できるシステムである。また、反対に生産者が、自分の生産した農作物がどのように消費されたかを追跡できる双方向性ももっている。

たとえばBSE（牛海綿状脳症）のまん延防止と消費者への情報提供から、国内で生まれたすべての牛と、生体で輸入された牛には、1頭ごとに個体識別番号が付与され生産履歴が管理されている（図1）。

JAS 規格（日本農林規格）

食品の品質に関わる制度にはJAS規格（日本農林規格）がある。JAS法（日本農林規格等に関する法律）に基づき、農林水産大臣が品目を指定して定め、品位・成分・性能などがJAS規格に適合していると判定された製品（飲食料品や林産物）にマークが表示される。

2017年に法改正が行なわれ、これまでJASの対象としてきた、農林水産物・食品の品質だけでなく「生産方法」（プロセス）、「取扱方法」（サービス等）、「試験方法」などにも拡大された。また国際基準に適合する試験機関として農林水

産大臣が登録する登録試験業者制度を創設した。登録試験業者を利用した場合、広告、試験証明書等にJASマークを表示することができるようになった。さらに（1）JAS制度の普及、（2）規格に関する普及・啓発、専門人材の育成・確保及び国際機関・国際的枠組みへの参画等を国及びFAMIC❷の努力義務とした。

JASマークには、品質の平準化を目的としたJASマーク（旧：一般JASマーク）（図2）と有機JASマーク（図3）、生産情報公表JASマーク、特定JASマーク、定温管理流通JASマークの規格が整理・統合されてできた特色JASマーク（図4）がある。

有機JASマークは、原則として農薬・化学肥料を使用しないで栽培された有機農産物や、有機農産物を加工した食品、飼料・畜産物などにつけられるマークである（図3）。このマークは、太陽と雲と植物をイメージしている。有機JASマークのない農産物と農産物加工品に「有機」や「オーガニック」などの名称の表示をすることは禁止されている。

特色JASマークは、差別化を目的として、同種の製品に比べ明確な特色のあるJAS規格を満たす製品などに付けられる（図4）。

図1　肉牛の耳標

図2　JASマーク

図3　有機JASマーク

図4　特色JASマーク

---

❶トレーサビリティ（traceability＝追跡することができる、という意味）
❷独立行政法人農林水産消費安全技術センター：科学的手法による検査・分析により、農場から食卓までのフードチェーンを通じた食の安全と消費者の信頼の確保に技術で貢献することを目的とする。農林水産省の各部署とともにJAS規格のサポートを行なう。

膨大な食品ロス（食品廃棄物）

食品ロスの実情

現在約80億人といわれる世界の人口は、2050年には97億人に達する見込みである。食料消費量が世界的に増加する一方、世界で約8億4000万人の人々が栄養不足に陥っている。そのような状況のなか、国際連合食糧農業機関（FAO）の報告書によれば、世界の生産量の1/3に相当する約13億tの食料が毎年廃棄され、その経済的コストは約7500億ドルに達するという。

日本では年間の食品廃棄量が約1700万tあり、食べられるのに捨てられてしまう「食品ロス」は、約500万〜800万tといわれている。これは世界全体の食料援助量の約2倍にあたり、日本の米収穫量に相当する。食品ロスの内訳は、事業系廃棄物が約300万〜400万tで、家庭系廃棄物も約200万〜400万tに達する（図1）。食品メーカー、卸、小売店における食品ロスは、おもに定番カット❶食品、期限切れ食品、返品、規格外品などが原因である。また、レストランや宿泊施設における食品ロスは、食べ残しや仕込みすぎなどが原因。家庭での食品ロスは、皮や脂身などの過剰除去、つくりすぎ、保管したまま劣化して使用できなくなった食品などがおもな原因となっている。

食品ロス削減への取り組み

我が国では、食品ロス対策として2001年に「食品リサイクル法」（通称）を制定。食品の売れ残りや食べ残し、食品の製造過程で発生する食品廃棄物の発生抑制と減量化を図っている。さらに2012年4月からは発生抑制の目標値を設定して食品事業者の取り組みを強化した。

2019年10月には、「食品ロス削減法」（通称）が施行され、国、地方公共団体などの食品ロスの削減に関する責務が示されるとともに、その基本方針が策定された。

食品流通業界の商習慣である「3分の1ルール」では、食品の納品日が食品の製造日から賞味期限までの期間の3分の1を過ぎた場合、商品を納品せず廃棄していた。このルールを1/3から1/2に見直すことで、約4万tの食品が廃棄を免れることができた。また、製造時の印字ミスや賞味期限が近いなど、食品の品質上は問題ないが通常の流通には乗せられない食品などは、各地のフードバンクに寄付することで生活困窮者などの支援に活用されている。食品ロスにはさまざまな要因が関わるため、一人ひとりの意識・行動改革が必要である。

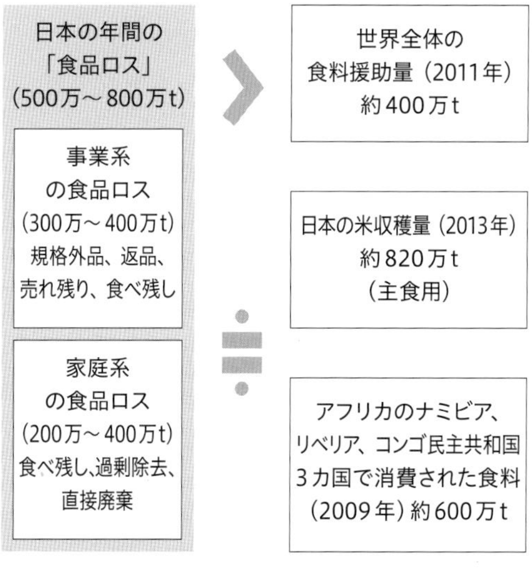

図1　日本の食品ロスの大きさ
（資料：JA全中「ファクトブック2015」）

---

❶新商品の発売や商品の規格が変更されたことにより、店頭から撤去された食品。

食品の調理

調味のきほん

　人が味を感じる器官である舌の「味蕾」で感じることのできる味は「甘味・塩味・酸味・苦味・うま味」の5つである。ここにない辛味や渋味は味蕾ではなく痛点や温点で感じている味とされている。このため調味をする際はこの5味を基本に考えていくことになる。

　和食の調味では、食塩、醤油、味噌、みりん、砂糖、食酢が基本となる。

　濃口醤油では15％、薄口醤油では16％程度の塩分を含む。醤油を炒め物などに使うと100℃以上に加熱され、独特の香気を放つ。濃口醤油だけで味付けすると色が濃くなり過ぎる場合は食塩と併用する。

　味噌は甘味噌で6％、辛味噌で12％、赤味噌で13％程度の塩分を含む。味噌には他の食材の香りをマスクする効果があるので、肉や魚の臭い消しとしても利用することができる。

　砂糖は甘味をつける調味料で、和え物や酢の物では2〜10％、煮物では5〜10％くらいの濃度で用いられる。

　みりんは甘味をつけるだけでなく、てりやこくを加えることができる。みりんの代わりに砂糖と酒で代用することもできる。

　食酢には、米酢、フルーツビネガー、黒酢などがある。食酢にはpHの低下による保存性の向上や褐変防止などの効果がある。

だしの成分と取り方

　和食の基本は「だし」である。だし（うま味）を利かせることは健康を守る減塩につながる。

◆**かつおだし**　おもなうま味成分：イノシン酸。

　水が沸騰したら火を止め、汁の2〜4％の削りがつおを入れ1〜2分おき、ザルや布でこす。

◆**昆布だし**　おもなうま味成分：グルタミン酸。

　汁の2〜4％の昆布を30分〜1時間水に浸してから中火にかけ、沸騰直前に昆布が浮き上がりそうになったら昆布を取り出してこす。煮立てるとぬめりや臭みが出る。

◆**煮干しだし**　おもなうま味成分：イノシン酸。

　生臭さを飛ばすために、煮干しの頭とはらわたを取り、フライパンで空炒りしておく。汁の3〜4％の煮干しを水から入れ、中火にかけ、沸騰したら火を止めてこす。

◆**椎茸だし**　おもなうま味成分：グアニル酸、グルタミン酸。

　汁の3〜4％の干し椎茸を1〜2時間水に入れ、軟らかくなったら使う。

◆**昆布とかつお節の合わせだし**　昆布だしを取った後の汁に削りがつおを入れてだしを取ったものが"合わせだし"である。それぞれのだしの取り方は上記による。

◆**一番だしと二番だし**　かつお節や昆布などから一度だしを取ったあとでも、だし殻にはうま味が残っているので、再度だしを取ることができる。

　このとき最初のだしを一番だし、あとから取っただしを二番だしと呼ぶ。

　二番だしは一番だしに比べやや香りが弱いが、煮物や炊き込みご飯、鍋物などには一番だしより向いている。使用用途に合わせて一番だしと二番だしを使い分けることで調味の幅が広がる。

食材ごとの調理基礎

野菜・肉・魚―食材の特徴

◆**野菜の特徴**　野菜はビタミン、無機質、食物繊維の供給源になり、体の調子を整える。美しい色や歯ざわり、香りは食事の楽しみを増してくれる。旬の野菜を取り入れて、季節感を楽しみたい。

◆**肉の特徴**　牛肉、豚肉、鶏肉などの種類や部位によって味に特徴があり、脂の量も異なる。硬い肉はひき肉にするか、長時間煮る煮物やシチュー、カレーなどに使う。

◆**魚の特徴**　魚は肉質や外観により、白身魚（タラ、タイ、サケなど）、赤身魚（カツオ、マグロ、サバなど）、青魚（イワシ、サンマ、アジなど）に分けられる。魚の脂質は種類や部位で異なり、季節によっても変化する。生活習慣病予防に魚の脂質が良いとされ、主菜は肉と魚をバランスよく食べることがすすめられている。

調理上の注意

◆**野菜の調理上の注意**　野菜はゆでるとかさが減り、たくさん食べることができ、アクも取り除ける。たとえば、青葉をゆでるときは色をきれいに仕上げるために、たっぷりの湯でふたをしないでゆでる。根元部分から入れて茎がやわらかくなったら葉先も入れ、再沸騰したら水にとって素早く冷ます。ごぼう、いも、れんこん、うどなど切り口が空気にふれると黒っぽくなる（褐変する）ものは、酢を入れた水に浸けておくと変色しない。

◆**肉の調理上の注意**　肉を加熱するときは、最初に表面を強火で加熱すると、肉の表面のタンパク質が固まるため、うま味成分や栄養成分の流出を防ぐことができる。また、肉のうま味を汁に出したいときは水から煮る。塩・こしょう

などの下味つけは焼く直前に行なう。ハンバーグは焼くと厚さが増し、熱が通りにくいので、まん中をくぼませて成形する。

◆**魚の調理上の注意**　1尾の魚は流水で表面をよく洗い、エラや内臓を処理したら再度流水で洗う。切り身魚は、栄養分や旨みが流れるため洗わない。魚に塩を振ると水分が出て、魚の臭みが抜くことができる。表面の水分を拭いてから調理する。焼くときは遠火の強火が基本である。焼き魚は1回だけひっくり返して焼く。魚を煮るときは、煮汁を沸騰させてから魚を入れる。

◆**野菜の衛生的な扱い**　生野菜には土などからの汚れや細菌がついている。流水で葉の表裏、葉の元の重なっている部分をしっかりと十分に洗浄する。肉や魚を扱った包丁やまな板は熱湯消毒してから野菜に使う。調味液で浅漬けをつくった際に食中毒菌が繁殖し、食中毒事故が起こった事例があるので、1回に食べきれる量だけつくるようにし、調味液の再使用は避ける。

◆**肉の衛生的な扱い**　肉から出るドリップ（肉汁）が、調理中や保存中にほかの食品に触れないようにすること。生食はできるだけ避ける。豚肉や鶏肉は、特に寄生虫や食中毒予防のために、中心部まで加熱して食べる。

◆**魚の衛生的な扱い**　室温に長く置くと食中毒菌が増えるおそれがあるため、刺身など生で食べるものは、食べる直前まで冷蔵庫に保存する。

食中毒予防

食中毒

食中毒とは食べ物や飲み物を介して引き起こされる、腹痛、嘔吐、下痢などをおもな症状とした急性の健康障害のことである。ほとんどの食中毒は、一部の微生物によるものである。

微生物による食中毒には、感染型と毒素型の2つがある。感染型は特定の生きている微生物が消化管内で作用して、健康障害を起こすもので、腸管出血性大腸菌やサルモネラ属菌などがある。摂取の前に加熱などで微生物を死滅させておけば、健康障害は起こらない。

毒素型は微生物が産生した毒物を摂取することで健康被害を起こすもので、黄色ブドウ球菌、ボツリヌス菌、セレウス菌などがある。加熱などにより菌が死滅していたとしても、すでに毒素が産生されており、加熱等で破壊されていなければ、健康障害を発症する。

食中毒の発生件数は少ないが、毒きのこや貝毒など動植物が普段から持っている自然毒を摂取することで発生する食中毒もある。

クドアやアニサキスなど、食品に潜む寄生虫を摂取することで発症する食中毒、銅やヒスタミンなど、有害な化学物質を摂取したことによる食中毒もある。

食中毒予防の原則

微生物による食中毒予防の原則は、以下のようになる。

• 細菌を食べ物に「つけない」
• 食べ物に付着した細菌を「増やさない」
• 食べ物や調理器具に付着した細菌を「殺菌する」

ウイルスの場合は食べ物に付着しても増えないので「増やさない」は除外されるが、以下の2つは細菌と同じである。

• 食べ物にウイルスを「つけない」
• 付着してしまったウイルスを加熱して「殺す」

ノロウイルスはごくわずかな汚染によっても食中毒を引き起こすので、調理環境にウイルスを持ち込まない、調理器具等にひろげないという意識が重要となる。

細菌を原因とする食中毒は、温度と湿度が高いと発生しやすく、梅雨時から秋口が食中毒のシーズンとなるので、この時期は特に注意が必要となる。一方近年多発しているノロウイルスによる食中毒は冬期に多く発生する。

肉や魚、牛乳など細菌が増殖しやすい食材は常温で放置しない。同様に調理したものに関しても早めに食べ、保存する場合は冷蔵庫や冷凍庫にしまう。

肉や魚の加熱調理は、内部までしっかり加熱することが重要である。日常的には次の6つのポイントに注意する。

◆買い物では　消費期限を確認する／肉や魚などの生鮮食品や冷凍食品は最後に買う／肉や魚などは汁がほかの食品に付かないように分けてビニール袋に入れる／寄り道をしないですぐに帰る

◆家庭での保存では　冷蔵や冷凍の必要な食品は、持ち帰ったらすぐに冷蔵庫や冷凍庫に保管する／肉や魚はビニール袋や容器に入れ、ほかの食品に肉汁などがかからないようにする／肉、魚、卵などを取り扱うときは、取り扱う前と後に必ず手指を洗う／冷蔵庫は10℃以下、冷凍庫は−15℃以下に保つ

◆下準備では　調理の前に石けんで丁寧に手を洗う／野菜などの食材を流水できれいに洗う／生肉や魚などの汁が、果物やサラダなど生で食べるものや調理の済んだものにかからないようにする／生肉や魚、卵を触ったら手を洗う／包

丁やまな板は肉用、魚用、野菜用と別々にそろ
えて使い分ける／冷凍食品の解凍は冷蔵庫や電
子レンジを利用する（室温で自然解凍する場合
は、解凍後すぐに調理する）／冷凍食品は使う
分だけ解凍し、冷凍や解凍を繰り返さない／使
用後のふきんやタオルは熱湯で煮沸したのち、
しっかり乾燥させる／使用後の調理器具は洗っ
たのち、熱湯をかけて殺菌する

◆調理では　調理の前に手を洗う／肉や魚は十
分に加熱する（中心部を75℃で1分間以上の加
熱が目安となる）

◆食事では　食べる前に石けんで手を洗う／清
潔な食器を使う／つくった料理は長時間室温に
放置しない

◆残った食品は　残った食品を扱う前にも手を
洗う／清潔な容器に保存する／温め直すときも
十分に加熱／時間が経ちすぎたものは捨てる／
不快なにおいがするなど、あやしいと思ったら
食べずに捨てる

食品の保存法

食品を長期間保存するためには、微生物の増殖と活動を抑制して、腐敗が進まないようにする必要がある。微生物が増殖するためには、栄養源、水分、適した温度が必要である。これらの条件のうちどれか一つを微生物の増殖に合わないようにすることで食品を長期保存することができる。

保存方法

◆**食品乾燥**　自然の食品は水分含量が高く、70 ～ 90％以上の水分を含んでいる。食品中の水分を脱水し、貯蔵性や輸送性をもたせるのが食品乾燥である。

自然乾燥には太陽熱を利用した「天日乾燥」、風を利用した「陰干し」「一夜干し」、自然の寒気を利用した「常圧凍結乾燥」などがある。

機械を用いた乾燥には、「熱風乾燥」「真空凍結乾燥」などがある。

食品に含まれる水分は、微生物が増殖に利用できる「自由水」と、糖分や塩分など食品成分と結合し微生物が利用できない「結合水」がある。つまり、食品全体の水分を減らす、もしくは結合水の割合を増やすことができれば食品の長期保存が可能となる。

食品中の自由水の割合を示す指標として「水分活性」がある。これは0 ～ 1で示される数値で、0は水分がないもの、1が純水となる。数値が1に近いほど自由水の割合が多く微生物が繁殖しやすく（ただし純水は除く）、その食品の保存性は低くなる。

水分活性0.98以上

生肉、鮮魚、野菜、果物、牛乳、米飯。
腐敗に関係する微生物及び食品を介してヒトに病原性を示す微生物を含むほとんどすべての微生物が増殖する。

水分活性0.98 ～ 0.93

濃縮乳、パン、ソーセージ。
多くの細菌及びカビが増殖する。

0.93 ～ 0.85

乾燥牛肉、生ハム、コンデンスミルク。
カビが増殖する。細菌はほとんど増殖しないが、例外的に黄色ブドウ球菌は増殖する。

0.85 ～ 0.60

ジャム、穀物、ナッツ類、小麦粉。
一般に細菌やカビは増殖しないが、乾生性微生物による腐敗は起こる。

0.60以下

キャンディー、乾麺、脱脂粉乳、コーンフレーク、ビスケット、ポテトチップ、はちみつ。
微生物は増殖しないが、一定期間生存は可能。

◆**冷蔵・冷凍**　細菌の多くは30 ～ 40℃の範囲にあるとき増殖する。人類は経験則として冷涼な場所に食物を置いておくと変質が少なく長期保存できることがわかり、ここから洞窟や地下室の冷気や冬季の冷気を利用するようになった。この技術が進んだものが雪や氷を利用した雪室、氷室である。1900年代後半になると電気冷蔵庫に置き換わった。

現代の一般的な家庭用冷蔵庫の冷蔵室（チルドルームを除く）の温度は5℃前後、冷凍室では－20℃前後である。

冷蔵室では細菌の活動と増殖を抑えることはできても活動を止めることはできない。これが冷凍室になるとほとんどの細菌が活動を停止するが、死滅はしない。また水分も凍結している

ため細菌が利用することができない。

生鮮食品にはおよそ60〜90%の水分が含まれており、冷凍するとこの水分が凍結する。細胞内で凍結した水分は氷の結晶となり膨張するので、細胞を内側から破壊する。これが解凍されると壊れた細胞から水分が流れ出す（これをドリップと呼ぶ）。ただし、氷の結晶の大きさは、凍る温度とスピードにもよる。凍結時に氷の結晶がもっとも大きく成長するのは−1〜−5℃であるので、この温度帯をなるべく短時間で通り過ぎれば氷の結晶の成長を抑え、細胞のダメージを軽減することができる。できるだけ細胞にダメージを与えずに解凍するには冷凍の時と同じように−5〜−1℃をすばやく通過させる。また、解凍後に細菌が再び活動・増殖するのを抑制するため、冷蔵庫など1〜5℃の低温で解凍するか、高温で一気に加熱するようにする。

◆缶詰・びん詰め　缶詰・びん詰めの原理は広口びんに調理した食品を入れ、コルク栓をはめて熱湯の中で加熱する。加熱されたびんの中の空気が抜けたところで密封し食品を長期保存することに成功した。加熱殺菌の後に密封し、さらに加熱することで、貯蔵性を高めている。この原理は19世紀にニコラ・アペールにより開発されたものであるが現在においても変わりはない。

細菌やウイルスが死滅する温度と時間は以下のとおり。

- 腸管出血性大腸菌→75℃　1分
- カンピロバクター→65℃　数分
- サルモネラ菌→75℃　1分、61℃　15分
- リステリア→65℃　数分
- ノロウイルス→85〜90℃、90秒以上

セレウス菌やウェルシュ菌のように耐熱性芽胞❶を形成する細菌の場合、芽胞の状態では100℃では死滅せず、缶詰のように高圧処理により中心温度が120℃以上になるまで加熱する必要がある。

おもな食品の保存温度

保存方法	食品
冷凍 （−18℃以下で保存する食品）	アイスクリーム類、冷凍食品
冷蔵 （0〜10℃で保存する食品）	肉、魚、野菜、牛乳、乳製品、調理済み食品 ＊肉や魚、調理済み食品などは冷凍保存もできる ＊肉や魚などはチルド室（0℃前後）での保存が望ましい
冷暗所 （暗くて涼しい場所）	いも類、なすなど ＊低温になると変色や変質の原因となる
常温 （平常の温度）	缶詰、レトルト食品、砂糖や食塩などの粉末調味料 ＊缶詰やレトルト食品は未開封のもの

保存食品

◆塩漬け（塩蔵）　塩がもつ高い浸透圧によって食材の水分を脱水することで、雑菌の増殖を抑える保存方法。生物の細胞膜は半透膜でできており、このため塩そのものまたは濃い塩水に食材がつけられると浸透圧によって細胞内の水分が外部に脱けるとともに、塩と結びついた水分（結合水）は雑菌が利用できなくなり、雑菌の増殖を抑えることができる。

◆砂糖漬け（糖蔵）　塩と同じく、砂糖の浸透圧によって脱水する保存方法。浸透圧によって脱水し雑菌の増殖を抑える仕組みは塩と同じ。一方、砂糖には高い保水力があり、食材の乾燥を防ぐ効果がある。また砂糖と結びついた水分（結合水）は雑菌が利用できない形になるため、より保存性が高められる。

◆干し野菜　近年、保存食として注目されている。家庭でも簡単につくることができ、野菜の水分が抜けて腐りにくくなり長期の保存ができる。

❶耐熱性の高い細胞構造。

もちの形と全国のお雑煮

　お雑煮は、正月に幸いをもたらしてくれる「歳神様」を迎えるため、その土地の産物（野菜・いも・魚など）をもちとともにひとつの鍋のなかで煮て食べる料理である。

　もちの形は、西は「丸もち」、東は「角もち」と分かれる。丸もちは鏡もちの分身としての意味があり、京都の文化を受けた古風なもの。一方、のしもちを切った角もちは江戸の文化を受けた新しい形といえる。このもちの形の違いは、およそ関ヶ原を通るラインを境に西と東に分けられる。

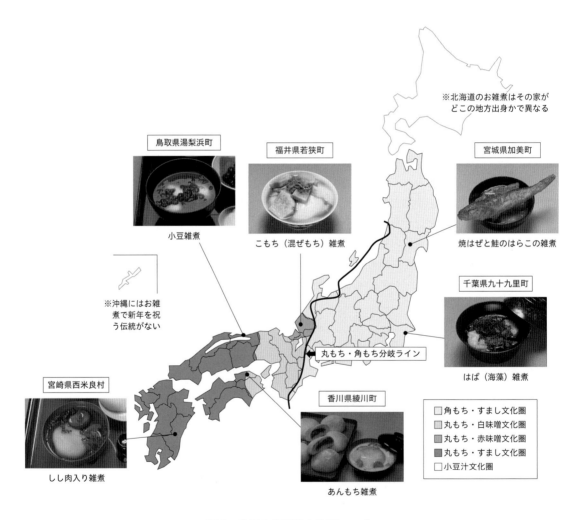

※北海道のお雑煮はその家がどこの地方出身かで異なる

鳥取県湯梨浜町
小豆雑煮

福井県若狭町
こもち（混ぜもち）雑煮

宮城県加美町
焼はぜと鮭のはらこの雑煮

千葉県九十九里町
はば（海藻）雑煮

※沖縄にはお雑煮で新年を祝う伝統がない

丸もち・角もち分岐ライン

宮崎県西米良村
しし肉入り雑煮

香川県綾川町
あんもち雑煮

□ 角もち・すまし文化圏
▨ 丸もち・白味噌文化圏
▨ 丸もち・赤味噌文化圏
■ 丸もち・すまし文化圏
□ 小豆汁文化圏

図1　全国のお雑煮文化圏マップ

（資料：奥村彪生「和食の基本がわかる本」農文協、写真提供：千葉寛、岩下守、倉持正実）

栽培分野（1）

植物の成長

種子のつくりと働き

種子のつくり

　植物の種子は種皮、胚、胚乳からできている。

◆種皮　種子の表面を包み、保護する。

◆胚　花が受粉（→p.79〈受粉のしくみ〉の項参照）したあと、種子の中で発育した幼植物体で、最初の葉になる子葉、最初の根になる幼根、第1本葉となる幼芽、それらをつなぐ茎となる胚軸からなっている。

◆胚乳　発芽するときの栄養分である。胚乳が種子の中に蓄えられているものを有胚乳種子、子葉が胚乳の栄養分を吸収して蓄えているものを無胚乳種子という。

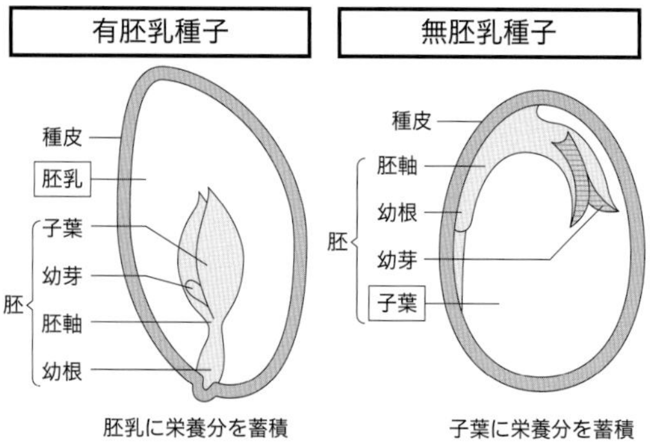

```
┌──────────────┬──────────────┐
│  有胚乳種子   │   無胚乳種子   │
└──────────────┴──────────────┘
```

種皮
胚乳
子葉
幼芽
胚
胚軸
幼根

種皮
胚軸
幼根
幼芽
子葉
胚

胚乳に栄養分を蓄積　　　子葉に栄養分を蓄積

図1　有胚乳種子と無胚乳種子

有胚乳種子と無胚乳種子の発芽と野菜の種類

◆有胚乳種子　発芽するときには、子葉が胚乳の栄養分を吸収しながら育つ。イネ、トウモロコシ、トマト、ナス、ネギ、ホウレンソウなど。

◆無胚乳種子　種子の中には、栄養分を吸収して大きくなった子葉がある。種子の大部分は子葉で占められている。発芽するときには、子葉に蓄えられた栄養分を吸収しながら育つ。インゲン、エンドウ、カボチャ、キュウリ、ダイズ、ダイコン、ソラマメ、ニンジンなど。

マメ科植物の地上子葉型と地下子葉型

◆地上子葉型　発芽時、子葉が地上に出てくる。子葉は種皮をはずし、光合成を始める。本葉が広がったあとでも子葉が残り光合成を続けるものもある。インゲン、ダイズなど。

　地上子葉型では、栄養分の多い子葉が地上に顔を出すので、それを食べるハトなどの鳥害に注意する必要がある。

◆地下子葉型　子葉は種皮をかぶったまま地中に残り、子葉から伸びる茎が本葉を地上にもち上げる。発芽時の光合成は最初から本葉が行なう。アズキ、エンドウ、ソラマメなど（図2）。

```
┌────────────┐        ┌────────────┐
│  地上子葉型  │        │  地下子葉型  │
└────────────┘        └────────────┘
```

子葉　　　　　　　　　　　子葉

ダイズ（エダマメ）の出芽　　エンドウの出芽

図2　地上子葉型と地下子葉型

植物の成長

発芽の環境条件

種子の発芽は、種子から根や芽が種皮を破って外に出てくることをいい、地表に子葉が出てきた状態を出芽という。

発芽に必要な3要素

種子が発芽するには、「水」と「空気（酸素）」と「温度（適温）」が必要になる。これを発芽の3要素（3条件）という。この3つのうちどれが欠けても発芽しない。

◆**発芽と水** 種子はタネとして乾燥状態で保存されているため、成長を停止した「休眠」状態になっている。種子が吸水すると、発芽に向けての準備を始める。ただし、土の中の水分が多すぎると土の中の空気（酸素）が少なくなるため、多くの作物の種子は、発芽の活動が順調に進まない。

◆**発芽と空気（酸素）** 吸水した種子は呼吸を始めて、発芽するためのエネルギーをつくり出すが、呼吸のために多くの空気（酸素）を必要とする。順調な発芽には、通気性のよい土壌が重要になる。

◆**発芽と温度（適温）** 種子が最も発芽しやすい温度を発芽適温という。発芽の適温は作物によって違いがある（表1）。

表1 各野菜の発芽適温

種類	発芽適温	種類	発芽適温
レタス	15〜20	インゲン	20〜25
ホウレンソウ	15〜20	シソ	20〜25
ニンジン	15〜25	ピーマン	20〜30
ネギ	15〜25	トマト	20〜30
ダイコン	15〜30	キュウリ	25〜30
ハクサイ	20〜25	スイカ	25〜30
ブロッコリー	20〜25	ナス	25〜30
コマツナ	20〜25	カボチャ	25〜30
カブ	20〜25	スイートコーン	25〜30

野菜の発芽適温は、レタスやホウレンソウのように20℃以下の冷涼な気候を好むものや、一方でトマトやキュウリのように30℃までの高温を発芽適温とするものもある。また、適温の幅にも差がある。

同じ種類の野菜でも品種によって発芽適温が異なる場合があるので、市販されている種子の袋に書かれている「発芽適温」や「播種時期」を確認することが大切である。

発芽と光

多くの種子の発芽は光の影響を受けないが、光によって発芽が促進される「好光性種子」と、光が当たらない方が発芽しやすい「嫌光性種子」がある。播種を行なう場合は、この光に対する性質の違いを理解しておくことが大切である（表2）。

表2 種子の発芽と光への性質

性質	種類	発芽をよくする方法
光線に当たると発芽しやすいもの（好光性種子）	セルリー、ミツバ、シソ、ゴボウ、レタス、サラダナ、ニンジン、カブ	播種後に鎮圧だけにするか、覆土を薄くする
光線に当たると発芽の悪いもの（嫌光性種子）	ダイコン、ネギ、タマネギ、ナス、トマト、トウガラシ、キュウリ、スイカ、カボチャ	覆土を種子の2〜3倍に厚くかけ鎮圧する

気孔の働きと光合成作用・呼吸作用

気孔

植物の葉にある小さな気孔（図1）は、2つの細胞（孔辺細胞）が向き合う構造をしており、真ん中のすき間を空けたり閉めたりすることができる。おもに葉の裏側に分布している。

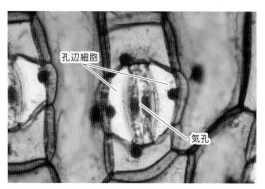

図1　葉の気孔（顕微鏡写真）

気孔は、光合成の原料である二酸化炭素（CO_2）の取り入れ口として働いているのと同時に、光合成の副産物である酸素（O_2）の出口、呼吸で必要となる酸素の入り口にもなっている。また、気孔が開くと、そこから水の蒸発（蒸散）が起きる。

光合成作用（二酸化炭素＋水⇒炭水化物＋酸素）

植物の光合成とは光のエネルギーを利用して、空気中の二酸化炭素（CO_2）と根から吸収した水（H_2O）を原料に、炭水化物（$C_6H_{12}O_6$）を合成する働きである。このとき酸素（O_2）が放出される。

光合成は、葉の細胞中の葉緑体で行なわれる。植物は光合成作用によって、糖やデンプンなど炭水化物（炭素（C）を含む有機物）をつくり出している（図2）。

動物は光合成作用ができないので、植物がつ

くり出した有機物を食べることによって動物自身の有機物をつくり出している。

植物の光合成作用は地球上のあらゆる生命を支える基といえる。

光合成には光が欠かせない。太陽の光が照らしている昼間は光合成が盛んになるが、曇った日には光合成速度が小さくなり、栄養源となる炭水化物の合成量も少なくなる。光がない暗い夜には、植物は光合成ができない。

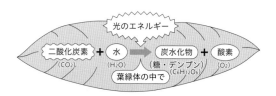

図2　光合成の仕組み

作物の収量や品質を向上させるには、作物の光合成能力を高めることが重要である。光合成能力の高低には、温度・湿度管理も影響するが、そのほかに植えた作物の光の受け方（受光態勢の良し悪し）が大きく影響する。

光合成作用を盛んにするには、植え付けるときに作物の成長にあわせて、光が作物全体に十分に当たるように考えなければならない。

密植や生育が過繁茂の場合、下葉まで光が届かず葉が老化することが多い。栽培する作物と作物の間隔を広げることによって光合成能力を高め、品質・収量を向上させることができる。

呼吸作用（酸素＋炭水化物⇒生命活動エネルギー）

植物は成長するエネルギーを得るため、ほかの生物と同様に呼吸をしている（図3）。

呼吸作用は光合成作用とは逆に植物体内に酸素を取り込み、光合成作用でつくられた炭水化

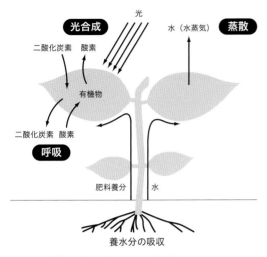

図3　植物の光合成と呼吸の関係

◆**根からの養水分吸収**　蒸散は、根が水分を吸収するための最も大きな原動力になっている。葉の気孔から水分が蒸散すると植物体内の水圧が変化し、導管❶を通して根から葉まで引き上げられる。蒸散は、根からの吸水とそれに溶けている肥料養分を吸収するために行なう。

◆**植物の葉温調節**　蒸散には、体内の水が水蒸気になる際に奪う気化熱❷のために、高温時の日中には葉面の温度を下げる効果がある。

　一般に光合成には葉温25℃付近が適温で、それ以上の高温になると光合成量が低下してくる。この時、葉面の温度を下げて光合成の低下を防ぐのが、蒸散のもう一つの役割である。

物を分解し、生命活動に必要なエネルギーを取り出す働きをしている。また呼吸作用は光合成作用と違い、昼夜の区別なく行なわれている。

蒸散作用

　蒸散は、植物の体から水分が水蒸気となって空気中に出ていく現象をいう（図3）。

　植物は、日差しが強くなるほどたくさんの水を根から吸い上げ、葉から蒸気となって放出する蒸散量が増える。真夏の日差しを和らげる木々は、この水が蒸発するときに気化熱を周囲から奪うことで、人々が憩う涼しさをつくりだしているのである（図4）。蒸散はおもに葉の気孔で行なわれ、次の2つの働きがある。

気孔が開く環境管理

　トマトなどのハウス栽培では、作物の気孔を開く環境管理が話題になっている。気孔が開いていることで、二酸化炭素を良く吸収して光合成が盛んになり、葉からの蒸散も増加して水分や養分の吸収量も高まり、高収量と高品質の作物生産ができると考えられているからである。

　そのためハウス栽培では、作物が気孔を開く環境にするため、施設内の温度、湿度、土壌水分などの情報をつかむセンサーの導入と、データに基づく環境制御が主流になってきている。

図4　樹木の蒸散作用

---

❶植物の体内で養水分を運ぶ役割をもつ管

❷液体や固体が気体（気化）になる際に、周りから吸収する熱。水は周囲の熱を吸収して水蒸気になるため、熱を吸収されたところは温度が下がる。

花芽分化と発達

花芽分化とその要因

　植物は、発芽後に葉や芽を大きく成長させる栄養成長をしたあと、子孫を残すための生殖成長に切り替わる。成長が切り替わると、植物の成長点には花芽の基がつくられる。この花芽の基ができることを花芽分化という。植物の花芽分化は、気温や日長、栄養条件などに影響される（表1）。

表1　花芽分化の主要因

花芽分化要因		種　　類
気温	低温 種子感応	ダイコン、カブ、ハクサイ、ツケナ類など
	低温 緑植物感応	キャベツ、ゴボウ、セルリー、タマネギ、ニンジン、イチゴ、ブロッコリーなど
	高　温	レタス、ニラ、エダマメなど
日長	短　日	サツマイモ、シソ、イチゴ、イネなど
	長　日	シュンギク、ダイコン、タカナ、ニラ、ホウレンソウ、ジャガイモ、コムギなど
	中　日	トマト、キュウリ、エダマメなど

◆気温（感温性）

①低温に感応して花芽が分化するもの

　[種子感応型]　吸水して発芽活動を始めた種子が、低温に感応して花芽を分化するもの（ダイコン、カブなど）。

　[緑植物感応型]　発芽後に一定の大きさになった植物体が10℃以下の低温に感応して花芽を分化するもの（キャベツなど）。

②高温に感応して花芽が分化するもの

　20℃以上の高温に一定期間あうと花芽を分化する（レタスなど）。

　これらの感応程度は、同じ野菜でも品種によって異なるので、とう立ち❶を防ぐため、栽培時期にあった適切な品種選びが必要になる。

◆日長（感光性）

①短日植物　日が短くなると花芽分化するもの（シソ、イチゴなど）。

②長日植物　日が長くなると花芽分化するもの（ホウレンソウ、シュンギクなど）。

③中日植物　中性植物とも呼び、日長に影響されず、一定の大きさに成長することで花芽分化するもの（ナス科やウリ科の野菜など）。

花芽分化の促進と抑制

　野菜は利用部位で葉茎菜類、果菜類、根菜類に分けられ、その利用部位によって花芽分化を促進させるか抑制させるかが違ってくる。

◆花芽分化の促進（イチゴの例）　イチゴは、およそ10℃以下の低温では日長に関係なく花芽分化し、25℃までは短日下で花芽分化する。しかし、30℃近い高温になると花芽分化しなくなる。そのため、高温期の高冷地での育苗や、冷蔵コンテナに入れる夜冷短日処理育苗などによって花芽分化を促進し、開花時期を早める産地が増えている。

◆花芽分化の抑制（葉茎菜類・根菜類）　花芽分化し、とう立ちしてしまうと食用部位が固くなったり、結球野菜では伸びた花茎により葉球が壊れるなど商品価値がなくなる。

　ダイコンは種子感応型植物で、0～13℃の連続した低温に感応し花芽分化する。春どり栽培では花芽分化をさせないため、とう立ちの遅い品種を選んだり、ハウスやトンネルで被覆し、日中を高温にすることで夜間の低温による花芽分化を打ち消す❷などの対策をして花芽分化・とう立ちを防止している（図1）。

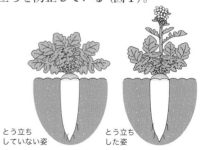

とう立ち
していない姿　　　とう立ち
した姿

図1　ダイコンのとう立ち

---

❶花芽分化した植物が、その後の気温上昇や長日によって花茎が伸びてくる現象。生殖器官の発達に養分が奪われ、葉や根の品質が低下する。とう立ちは抽台ともいう。
❷低温による花芽分化の誘導を春化（バーナリゼーション）といい、夜間の低温感応で誘導された花芽分化を日中の高温で打ち消す作用を脱春化処理（ディバーナリゼーション）という。

開花・受粉・結実

花のつくり

花芽分化が行なわれた後の作物は、花芽が日長や温度の影響を受けて成長し、つぼみを経過して開花する。花には1つの花の中に雄しべと雌しべの両方をもつ両性花と、雄しべだけをもつ雄花、雌しべだけをもつ雌花が別々に咲く単性花がある。単性花の植物には、雌花と雄花が同じ株に咲く雌雄同株と、雌花と雄花が別々の株に咲く雌雄異株がある。

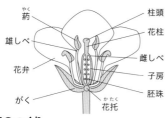

図1　両性花の花のつくり

◆**両性花**　花の中心に雌しべがあり、そこから外側に向かって雄しべ、花弁、がくがつく(図1)。

雌しべの先を柱頭といい、雌しべの根元のふくらんだ部分を子房という。子房の中には、小さな粒状の胚珠(種子のもと)がある。

雄しべの先の小さな袋を「葯」という。葯の中には花粉が入っている。

1つの花に雄しべと雌しべの両方をもっている両性花には、ダイコンなどのアブラナ科の野菜のほか、ナス科のトマト、ナス、ピーマンや、エダマメ、イチゴ、イネなどがある。

◆**単性花**　雄花と雌花が別々に咲く単性花(図2)の野菜には、雌雄同株のキュウリやスイカ、カボチャ、スイートコーン、雌雄異株のホウレンソウやアスパラガスなどがある。

受粉のしくみ

雌しべの先の柱頭に雄しべの葯から出た花粉

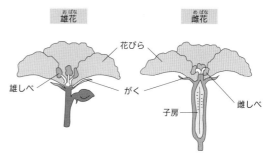

図2　単性花の花のつくり

がつくことを受粉という。雌しべの柱頭は粘液や毛がつき、受粉しやすくなっている。受粉した花粉は、花粉管を子房まで伸ばし受精する。

◆**自家受粉と他家受粉**　一般にナス科やマメ科の野菜では自家受粉を、アブラナ科とウリ科では他家受粉を、イチゴとネギ類は自家受粉と他家受粉の両方を行なう。

◆**他家受粉の花粉の媒介法**

①**風媒花**　風が花粉の媒介者となって受粉する花(トウモロコシ、イネなど)。

②**虫媒花**　昆虫が媒介者となって受粉する花(カブ、カボチャ、スイカなど)。

③**人工授粉**　風や昆虫による受粉を補うために、人の手で行なわれる受粉。

◆**自家不和合性**　花粉や柱頭に異常がないにもかかわらず、同じ個体の花粉が柱頭についても受粉できないことを自家不和合性という(ソバ、アブラナ科のダイコン、キャベツなど)。

結実

受粉・受精した後、胚珠は種となり、同時に子房❶あるいは子房以外の部分❷が発達し、果実として食用部になるものがある。それに対し、キュウリは受粉・受精しなくても果実が肥大する。このような性質を「単為結果性」❸と呼ぶ。

4 栽培分野(1)

---

❶子房が果実になったものを真果という(ミカン、カキ、モモなど)。
❷子房以外の花托(花床)が果実になったものを偽果という(りんご、イチゴ)。
❸受精をともなわず、種子を形成しないまま子房や花托だけが発達し、無種子の果実を生じる現象(バナナ、温州ミカン、イチジク)。

気候の利用と気象災害の防止

気象的要素と作物の生育

　水稲や畑での野菜栽培、果樹栽培など露地での作物栽培は、ハウスや温室などでの施設栽培とは違い、その年の気象状況により生育や収量が変わる。

　それは、これまでにみてきた作物の生育にかかわる光合成・呼吸・蒸散、発芽、成長、花芽分化、開花・結実などの生理作用が、大気の温度・湿度、日射量、降水量、風、二酸化炭素濃度などの気象的要素の影響を強く受けるからである。たとえばアフリカの降水量減による大規模な干ばつで農産物の収量減が起こったり、あるいは地球温暖化による気温上昇により、米の品質低下や高温障害による未熟粒、果樹の日焼けなどといった影響が現れている。

気候を活かした作物栽培（適地適作）

　気候とは、ある地域の気象の長年にわたる特有な傾向のことである。日本は大陸の東の海上にある島国で、南北に細長く標高差もある。そのため、地域ごとに特有な気候が形成され、各地域の気候や四季を活かした栽培（適地適作）が行なわれている。その典型的な例は、果樹のカンキツやリンゴ産地の寒暖差による「地域分

図1　嬬恋村の高原キャベツ

け」にみられるが、そのほかの成功例として夏の冷涼な気候を活かした高冷地園芸にみることができる。

◆**高品質生産の高冷地園芸**　野菜や草花には、夏に冷涼で、しかも昼夜の温度差が大きい気候のもとで、高品質の生産物を得られる種類が多い。そのため、夏出しのキャベツ（図1）やレタスなどの野菜栽培、リンドウやカーネーションなどの草花栽培が、標高の高い山間地や高原で高冷地の気候条件を活かして行なわれている。

おもな気象災害と対策

　農業への気象災害として、作物に直接の被害をおよぼすものに台風・風害・水害・冷害・凍霜害・寒害・雪害・ひょう害・高温害・干害・塩害などがある。

◆**台風による強風害**　台風による被害は強風害に水害も含めて、我が国の気象災害のうちで最も大きく、被災地域も沖縄県から北海道までと広い。強風害の対策としては、台風の風向きを予測して施設や支柱を補強し、果樹園では防風ネット棚を設置して被害の軽減を図っている。

◆**冷害**　冷害は、夏季の低温や日照不足によって起こる。北日本の太平洋では夏に吹くヤマセ❶により、特にイネの被害が多い。イネの冷害に対しては、深水灌漑❷が有効とされ、耐冷性品種の改良も進められている。

◆**凍霜害**　気温が急激に低下することで発生する害で、凍害と霜害がある。対策としては、作物体を寒冷紗などで被覆するほか、茶園では送風機によって上空の暖気を送り込み、霜害を防いでいる。

---

❶寒流である親潮の上を吹きわたってくる冷たい北東風。
❷一般的に灌漑用水の水温が気温より高いことを利用して、田んぼの水位を深くすることで冷害からイネを守る方法。

気象の人工的調節

気象の調節と作物栽培

作物栽培では、適地適作を基本としながらも栽培環境を人為的に調節することで、収穫時期を調節したり、収量や品質を高めたりする工夫を重ねている。例えば、温暖な地域で古くから発達した施設園芸（温室やビニールハウスなどの施設を使った野菜や草花栽培）や、雨の多い我が国で発達した野菜や果樹での雨よけ栽培は、その典型的なものである。

降雨をさえぎる雨よけ栽培

雨よけ栽培とは、トマトなど露地栽培の野菜の上に透明なプラスチックフィルムの屋根をかけ、降雨と夏の強い日差しをさえぎり、土壌水分を安定させる方法として普及している。

雨よけによって、高湿度で発生し雨で伝染する病気（疫病など）やトマトの日焼け障害が減り、収量・品質が安定した。雨よけは、ブドウやサクランボなどの果樹栽培でも定着している。

簡易な被覆―べたがけ・トンネル

◆べたがけ 通気性・透水性のある不織布❶や寒冷紗❷などを栽培植物の上に直接、または支柱を使いやや浮かせてかぶせる最も簡易な被覆法。強い風雨や厳しい寒暑から作物を保護し、害虫の飛来を防ぐ効果もある。

【注意点】べたがけは、発芽の安定、初期生育の促進など、使用目的に応じて適期に被覆を開始したり、除去したりすることが大切である。害虫がべたがけした資材の外から卵管を刺し込んで、卵を産み付けることがある。

◆トンネル 簡易な被覆法であるが、低温期には積極的な保温による生育促進、作期の拡大、品質向上などの効果がある。高温期には、雨よけや遮光による病害虫回避や品質向上などをねらいとして利用されている。トンネル用の被覆資材としては、プラスチックフィルム（農ビ❸・農ポリ❹）や不織布、寒冷紗などがある。

【注意点】トンネル内の気温が上昇しすぎることがあるので、適切に換気する必要がある。

マルチングによる多様な効果

露地栽培の安定生産に向けて、畑の栽培環境の向上に欠かせない技術が、マルチ資材で土壌の表面を覆うマルチング（略称：マルチ）である。

もともとマルチ資材には、稲わらや麦わらなどが用いられたが、現在は保温・保湿効果に優れたプラスチックフィルムが広く利用されている。

野菜を低温期に播種する作型で、地温を早く高めたいときは、光をよく通す透明マルチを使う。関東以西の温暖期播種の作型では、雑草の抑制も兼ねて黒色マルチが主流となる。

マルチングには資材の種類に応じて、土壌環境保全効果と生物環境保全効果の両面で多様な効果がある（表1）。

表1 マルチ資材の効果

> **土壌環境保全効果**
> ・地温を高める…マルチフィルム全部（透明効果が高い）
> ・地温を抑える…シルバーマルチフィルム
> ・土の水分を保持する…マルチフィルム全部
> ・土のやわらかさを保持する…マルチフィルム全部
> ・雨による肥料の流亡を防ぐ…マルチフィルム全部
>
> **生物環境保全効果**
> ・雑草の発生を防ぐ…黒色マルチフィルム
> ・害虫の飛来を防ぐ…シルバーマルチフィルム
> ・作物の汚れや病気の伝染を防ぐ…マルチフィルム全部

---

❶繊維を織らずに絡み合わせたシート状のもので、繊維を熱・機械的または化学的な作用によって接着または絡み合わせる事で布にしたもの。

❷植物を覆って保護する「被覆資材」の1つで、横糸と縦糸を荒く織り込んだ布を指す。農業用は、ポリエチレンなどの化学繊維などが用いられていることが多い。

❸農業用塩化ビニルフィルム：伸縮性があり、やや高価だが破れにくい。トンネル用に使用し、再利用できる。

❹農業用ポリエチレンフィルム：伸縮性がなく安価だが、破れやすい。マルチ用に使用し、使い捨てされる。

おもな病害と対策

病原体は糸状菌・細菌・ウイルス

伝染性の病気は、カビ、細菌、ウイルスなどを病原体とし、なかでもカビの一種である糸状菌によるものが最も多く8割を占めている（表1）。

◆糸状菌とその病害　糸状菌は、ほかの生物から栄養をとり、胞子をつくって分布を広げる。キュウリのうどんこ病など「空気伝染性」のものと、ハクサイの根こぶ病など「土壌伝染性」のものに大別される。土壌伝染性病害は、病原菌が根部から侵入するので防除が難しい。

①**うどんこ病**　感染すると葉にうどん粉状の白いカビが生え、ついには枯れる。ほかの病原菌と違って、高温で乾燥したときに発生する。

②**根こぶ病**　土中に潜む糸状菌がダイコン以外のアブラナ科植物の根に寄生して増殖する。根にコブができ、養分の吸収が妨げられて生育不良となり、枯死に至る。土壌水分が多い環境下では感染が増加する。

◆細菌とその病害　細菌は糸状菌より小さい単細胞生物で、バクテリアとも呼ばれる。雨や風によって運ばれ、作物の葉の気孔や傷口から侵入したあと分裂して増殖し、病気を引き起こす。

①**軟腐病**　ハクサイやニンジンなど多くの野菜や草花の傷口から侵入し、地際部の茎などが変色・軟化・腐敗して悪臭を放つようになる。

②**青枯病**　土壌中の病原細菌が根の傷口から侵入して、維管束内で繁殖する。導管を詰まらせて水の通りを悪くし、急速にしおれ青いまま枯れる。トマトやナスに多い難防除病害。

◆ウイルスとその病害　ウイルスは細菌よりも極小で細胞がなく、生物とはみなされていないが、ほかの生物に侵入して増殖し病原体となる。ウイルスの多くは、感染した植物を吸汁した昆虫などによって媒介される。

モザイク病　野菜や草花の葉、茎、花、果実などに濃淡のあるモザイク状の模様ができ、葉の変形や株の萎縮などを引き起こす。

ウイルスによる病害は、農薬では防除できない。媒介するアブラムシなどの害虫を寄せ付けないことがウイルス病対策となる。

病害対策の考え方

[作物の病害発生の3つの要因]

- 主因：病原体の存在
- 素因：作物の体力、性質
- 誘因：病害が発生しやすい環境

病害はこの3つの要因が重なり合うときに発生する。また、これらの要因が完全に除去されなくても、要因のバランスを崩すと発病程度は軽くなる。様々な手段で3要因のバランスを崩して発病の抑制を図ることが大切である。

[3つの要因から考えた病害対策]

- 主因（病原体の密度）減少：病原体の密度を減らすために農薬使用や輪作を行なう。
- 素因（作物の体質）強化：適切な肥培管理による健全な生育を図るとともに、抵抗性品種、接ぎ木苗を使用する。
- 誘因（栽培環境）制御：雨よけ栽培やシルバーマルチ、防虫ネット、日当たり、風通し、水はけを良くする。

表1　作物の病原体別のおもな病気

作物	糸状菌	細菌	ウイルス
イネ	いもち病、紋枯病、苗立枯れ病	白葉枯病、もみ枯細菌病	萎縮病、縞葉枯病
ジャガイモ	疫病、炭疽病、粉状そうか病	青枯病、そうか病、輪腐病、軟腐病	モザイク病、葉巻病
ダイズ	べと病、赤かび病	葉焼病	モザイク病
野菜	ハクサイ根こぶ病、ナス半身萎凋病、キュウリうどんこ病	ナス青枯病、トマトかいよう病、ダイコン軟腐病	モザイク病（ナス・トマト・キュウリ・ハクサイ・ダイコンなど）

おもな害虫と防除の基本

害虫とは、人間や家畜、農産物などに有害な作用をもたらす虫のことを指す。おもに無脊椎動物である小動物、特に昆虫類などの節足動物類をいう。「日本農林有害動物・害虫名鑑（2006）」によると、脊椎動物を除く「害虫」の種数として3300種が挙げられている。その中で農作物に被害を与えるおもな有害動物は、昆虫・ダニ・センチュウに分けられる。

◆昆虫とその害　おもな害虫には、チョウ・ガ類の幼虫、アブラムシ類、カメムシ類、アザミウマ類、バッタ類、コナジラミ類、甲虫類がある。

これらの害虫による被害は、食害と吸汁害に分けられる。

①**食害例**：ヨトウガの幼虫は、夜盗虫と書かれ、老齢幼虫が昼間は土中に隠れ、夜になると出てきて野菜などに害を及ぼす。5～6月、9月末～11月の2回、幼虫が現れ、葉を食害して穴をあける害虫である。

②**吸汁害例**：アブラムシ類は、小さな幼虫から成長した成虫まで葉裏や新芽に群って寄生し、葉や果実から汁を吸う。アブラムシが出す排せつ物にすす病菌が繁殖し、葉は薄黒く汚れ、株全体の元気がなくなる。成虫は卵ではなく、毎日数匹の幼虫を産む（図1）。幼虫は7～10日で成虫になって幼虫を産むので、繁殖力は極めて高い。

◆ダニとその害　ダニは昆虫ではなく、クモ類の仲間で糸を出して移動する。体長0.3～0.8mmほどである

作物に寄生するおもなダニには、ハダニ、ホコリダニ、コナダニなどがある。口針をもち、作物の茎葉や果実などに寄生して吸汁・加害する。大量に発生すると、葉全体がかすり状に白くなる。繁殖力が強く、ハダニなどのメスは交尾をせずに産卵する。卵は2～3日で孵化し、6～7日で成虫になる。

◆センチュウとその害　センチュウはミミズに似た細長い形をしており、卵から幼虫になり脱皮を繰り返して成虫となる。作物に害を与える植物寄生性センチュウは、体長0.5～2mmと害虫の中では小さく、口針を出して組織を破壊し、そこから栄養をとって加害する。おもなものは、根から侵入・加害するネコブセンチュウ、シストセンチュウ、ネグサレセンチュウなどである。

害虫防除の基本

◆観察　害虫防除は、害虫の卵や若齢幼虫の早期発見が大切である。早期発見のためには虫メガネなどを使い、葉の裏側を重点的に観察する。

◆除草　周囲の雑草は、アブラムシやダニなどの好適なすみかとなるので、こまめに除草する。

◆資材の活用　防虫ネットやシルバーマルチなどの活用で、チョウ・ガ類、有翅アブラムシ（図1）の飛来を抑える。

◆輪作・混作　センチュウの防除対策は連作を避け、寄生や増殖しにくい作物との輪作や、忌避効果のあるマリーゴールドなどを混植することで、生息密度を下げる。

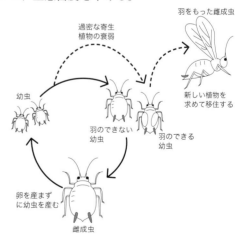

図1　有翅アブラムシの発生生態
仲間が増えすぎたり、寄生した野菜が弱ってきたら、有翅成虫が現れて新たな植物へ分散移住していく

（資料：米山伸吾「家庭菜園の病気と害虫」農文協）

安全で効果的な農薬散布

農薬取締法に定める使用基準

農薬は、農林水産省が定める農薬取締法に基づき、様々な毒性試験などを行なっている。その結果を元に各種の条件を考慮し、その薬剤の効能が適切に発揮でき、かつ、農作物と人や動物、環境に影響を及ぼさない使い方（散布時期や散布回数などの安全基準）を定めている。これらの農薬使用基準は商品のラベルや説明書に「使用回数」や「使用時期」などとして記載されている。

人にも環境にも優しい農薬

最近では、より安全・安心な農薬、病害虫に抵抗性のつかない農薬、有機農産物としての生産にも使える農薬が増えてきている。

◆食品由来の気門封鎖型殺虫剤　気門封鎖型とは、害虫の気門（吸気口）をふさいで窒息死させる薬剤で、ハダニ類、アブラムシ類、コナジラミ類などの微小な害虫に速効性がある。

主原料は、デンプンなど食品由来のものなので使用回数に制限がなく、害虫に抵抗性がつく心配もない。

◆微生物を活用した殺菌剤　代表的な微生物殺菌剤には、納豆菌の一種であるバチルス・ズブチリスがある。病原菌が繁殖する前に葉や茎の表面をバチルス菌で埋め尽くし、病原菌がすみつく場所をなくしてしまう（図1）。野菜の灰色かび病やうどんこ病（→p.82「おもな病害と対策」参照）、イネのいもち病に効果があり、土着天敵（→p.85〈生物的防除法〉の項参照）にも影響がでない薬剤として市販されている。

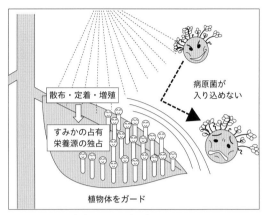

図1　納豆菌（バチルス菌）が効果を発揮する仕組み

（図内ラベル）
散布・定着・増殖
病原菌が入り込めない
すみかの占有　栄養源の独占
植物体をガード

薬剤散布の噴口は上向きに

病原菌は葉の表裏の両面から侵入し、害虫は葉の裏面に寄生していることが多い。そのため薬剤が葉の裏側によくかかるように、噴口を下から上に向けて吹き上げ、葉を下からあおるように噴霧する。なるべく細かな霧状にして、葉の表にも十分に薬液がつくようにする。その後はしっかり乾かす。

希釈倍率の幅の意味

農薬のラベルには、何倍に薄めて使うのか「希釈倍率」が表示されている。希釈倍率は薬剤ごとに違い、適用作物と適用病害虫でも違ってくる。「1000〜2000倍」のように、幅をもたせた倍率が表示されていることもある。この表示は、1000〜2000倍の間で使用可能ということを示す。1000倍より濃いものを使わない限り作物への薬害や残留農薬の危険性はなく、2000倍より薄くしない限り効果に問題はない。基準以内で希釈液をつくり、まきムラなくかけることが大切である。

環境保全型の総合防除

環境の保全を考えた病害虫防除では、化学農薬だけに頼らず、生物的防除法、物理的防除法、耕種的防除法を組み合わせて、被害を最小限に抑える方法がとられている。

生物的防除法

生物的防除法にはいくつかの方法あるが、その代表的なものに土着天敵の活用がある。

◆**土着天敵の活用**　土着天敵には、アブラムシを捕食するテントウムシの幼虫や成虫、コナジラミ類の天敵であるクロヒョウタンカスミカメ（図1）など、多くの種類がいる。

これらの土着天敵の活用には環境整備が重要である。たとえばナス畑の周囲に飼料作物のソルゴーを植えることで、ナスの害虫であるアザミウマやアブラムシがソルゴーにつき、それを餌にする土着天敵のヒメハナカメムシなどが増え、ナスの害虫被害を抑制することができる。

物理的防除法

◆**害虫の侵入遮断**　物理的な障害物で害虫の侵入・加害を防ぐ方法で、防虫シート・不織布などで畝全体を覆う「トンネルがけ」がある。

◆**害虫の行動抑制**　果樹園内に黄色蛍光灯を設置することで、果実の吸蛾類の被害を1割以下に抑えられる。施設内の野菜・花きではオオタバコガやほかの夜蛾類の被害抑制に効果を上げている。施設では、紫外線カットフィルムでハウス全体を覆うと、アザミウマ類の侵入を防止できる。

◆**害虫の誘引捕殺**　黄色・青色の有色粘着トラップを設置することで、コナジラミ・アザミウマの密度を低下させることができる。

◆**太陽熱土壌消毒**　夏のハウスに生わら20kg/10m²、石灰窒素10kg/10m²を施用して土とよく混ぜる。その後たっぷり灌水（土中50cmまで）し、土の表面にポリフィルムを全面被覆してハウスを1カ月閉め切る。これで地温が40～50℃に上昇して土壌センチュウや土壌病原菌が死滅し、病害虫の密度を低下できる。

耕種的防除法

◆**抵抗性台木の利用**　果樹や野菜では、病気に抵抗性のある台木に接ぎ木をする方法がある。キュウリ、スイカなどのツル割病は、カボチャやユウガオなどを台木にすると発病を回避できる。

◆**輪作・混植**　科の違う作物の輪作❶は、病害虫密度を減らす方法の一つである。また、スイカやメロンなどウリ科作物にはネギを、トマトやナスなどのナス科作物にはニラを混植❷すると、土壌病害の抑制効果がある。

◆**栽培管理で病虫害防止**　連作を避けたり、病害虫の多発時期を避けた作付け計画、栽植密度の調節、収穫残渣・病害株の処理など圃場衛生管理が重要である。

図1　土着天敵　クロヒョウタンカスミカメ
施設栽培の極小害虫（コナジラミ類、アザミウマ類など）を捕食する（体長約2～3mm）（写真提供：高知県農業技術センター）

---

❶輪作とは、同じ耕地に異なる種類の作物を一定の順序で繰り返して栽培すること（→ p.93 参照）。
❷混植とは、同じ耕地にほぼ同じ期間に、2種類以上の作物を一緒に植えて栽培すること。

作物が育ちやすい土壌（物理性）

良い土壌とは

作物が育ちやすい土壌は、通気性・保水性・排水性・保肥性に優れ、土中の空気と水分の割合が適度なバランスで構成されている。その指標となるのが、土壌の三相分布（固相・液相・気相）である。

土壌は、作物が根から養水分を吸収しやすいように、固相は根を支えて養分供給を調節し、液相は水と養分を、気相は酸素を根に供給する。その好適割合が、固相40％、液相30％、気相30％で、そのような土壌の三相分布が作物にとって良い土壌といえる（図1）。

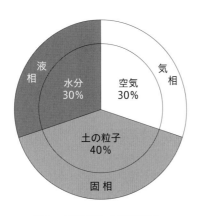

図1　三相分布の好適割合

このようなバランスの土壌にするためには、その土壌が団粒構造になっていることが必要である。

単粒構造の土壌と団粒構造の土壌

◆**単粒構造**　砂や粘土などの細かい粒子で均一に組成されている状態を単粒構造という（図2）。粘土質土壌❶の単粒構造は、水分が多いとベタベタの粘土状態になり、乾燥するとカチカチの塗り壁状態になる。排水性や通気性が悪く、根に過湿や酸欠の悪影響が起こりやすい。砂質土壌❷の単粒構造では、排水性は良いが保水力はほとんどなく、水分不足になりやすい。

◆**団粒構造**　粘土や砂が適度に混ざり、土壌有機物（腐植）が接着剤となって小さい粒子のかたまりをつくり、その小さな粒子の固まりが結びついて大きなかたまりをつくっている状態を団粒構造という（図2）。

土壌が団粒化すると土壌中のすき間が多くなるので、排水性や通気性が良くなるとともに、団粒内の微細なすき間に水分が保持されて、保水性も高まる。

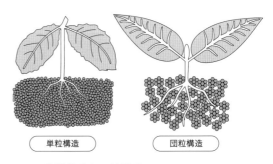

図2　単粒構造と団粒構造

土壌を団粒構造にするためのポイント

単粒構造の土壌を団粒構造の土壌に変えていくためには、有機物を投入して土壌の中に腐植を増やすことがポイントである。

有機物とは、落ち葉やワラ、もみ殻など生物がつくり出した炭素を含む物質の総称であり、腐植とは、土壌に施された有機物が微生物によって分解され、黒い色の有機化合物に変化したものである。この腐植によって表層土が黒みのある土の色になる。

また、透水性の悪い「粘土質土壌」には砂を加え、逆に保水性の悪い「砂質土壌」には粘土を加えると団粒化を進める効果が高くなる。

---

❶土壌粒径の小さい粘土の含量が高い土壌。保肥性に優れるが、排水性や通気性に乏しく、堅くしまった土壌。
❷粘土に比べて土壌粒径の大きい鉱物を含んだ粗粒質の土壌。粘土質土壌より排水性・通気性は良いが、保水性や保肥性は劣る。

作物が育ちやすい土壌（化学性）

野菜が育ちやすい土壌 pH

　土壌の酸度はpHで表わされる。このpHとは土壌中の水素イオン濃度❶のことで、pH7が中性で、数値がそれより小さくなるに従って酸性の度合いが強くなり、逆に大きくなるに従ってアルカリ性の度合が大きくなる。

　表1はそれぞれの野菜が好む土壌の酸度（好適酸度）である。多くの野菜がpH5.5〜6.5の弱酸性〜微酸性の土壌を好むことがわかる。

　酸性の土壌を好む野菜にはサツマイモやジャガイモがあり、酸性の土壌では育ちにくい野菜はホウレンソウがある。

　弱酸性を好む野菜が多い理由の1つは、明治時代以降の海外からの新しい野菜の導入時に、日本の土壌に合わせてやや酸性側でよく育つものが選ばれてきたことがあげられる。

表1　野菜の種類別　好適pH範囲

pH	野菜		
6.5〜7.0	ホウレンソウ		
6.0〜7.0	ダイコン キャベツ	エンドウ トマト	アスパラガス
6.0〜6.5	サトイモ エダマメ カボチャ キュウリ スイートコーン スイカ ソラマメ ピーマン	インゲン カリフラワー コマツナ シュンギク ショウガ セルリー チンゲンサイ メロン	ブロッコリー ミツバ レタス ニラ ネギ ハクサイ ナス
5.5〜6.5	カブ ゴボウ	イチゴ ニンジン	タマネギ
5.5〜6.0	サツマイモ		
5.0〜6.5	ジャガイモ		

（資料：日本土壌協会「土壌診断によるバランスのとれた土づくり」）

土壌の酸性化が進む理由

　日本の土壌は、何もせず自然にまかせておくと酸性化する。その理由の1つは雨水である。雨水は大気中の二酸化炭素を含み、雨水のpHが5.6程度になっているためである。

　さらに化学肥料のなかには、酸性の副成分を含むものもあるので、化学肥料を多用していると土壌の酸性化が進む場合がある。

土壌の酸性化が悪い理由

　pHが5程度より低下すると、もともと土の中に多く含まれるアルミニウムが、急速に水に溶けやすくなる。水に溶けたアルミニウムは作物の根の細胞に直接害を与え、pHの低下とともに急激に根の成長を悪化させる。

　また、酸性が強まると鉄やマンガンも急に土に溶け出して、作物に過剰害を与える。

　さらにアルミニウムや鉄はリンと結びつく性質が極めて強く、施したリン酸肥料が作物に吸収されにくくなり、作物はリン欠乏になる。

石灰を使用した酸性土壌の改善

　酸性が強い土壌は、土壌に石灰資材（アルカリ成分）を加えることにより改善できる。石灰資材の特徴をつかみ、選ぶことが大切である。

【炭酸カルシウム】石灰岩を粉砕して製造したもの。値段が手ごろでアルカリ性も弱く、ゆっくりと効果がある。

【生石灰】石灰岩を900℃以上の高温で焼成したもの。石灰肥料のなかで最も強いアルカリ性。

【消石灰】生石灰に水を加えたもの。強いアルカリ性で速効性。pH調整効果が高い。

【苦土石灰】石灰のほかに苦土（マグネシウム）を含む。アルカリ性は弱く、緩効性。

【貝化石石灰】海中に堆積した貝が化石化したものを砕いた有機石灰。微量要素を多く含む。

【貝殻石灰】ホタテやカキなどの貝殻を砕いた有機石灰。穏やかに長く効き、安価。

❶土壌溶液中に含まれる水素イオン（H⁺）の濃度のこと。水溶液の酸性・アルカリ性の強弱を表す数値。

作物の生育と肥料

農業における肥料の役割

野山に育つ植物は、肥料がなくても天然養分の供給だけで自然に育つが、農業では同じ土壌でたくさんの作物を何度も収穫し、それを外に持ち出すことを繰り返す。そのため、天然供給養分だけでは十分に育たず、作物が吸収して不足した肥料養分を補う必要がある。

作物が必要とする養分（必須養分）を、必要なとき（施肥時期）、必要なところ（施肥位置）へ、必要な量（施肥量）だけ、バランスよく望ましい形態（肥料形態）で与えることが、農業における施肥の大切な役割である。

植物が育つための欠かせない元素

作物の生育にとって不可欠とされている17元素（表1）のうち、比較的多く必要とされるものを、「多量要素」という。

このうち空気や水から供給される炭素・水素・酸素を除いて、肥料として特に必要量が多く施用効果の大きい要素となる、窒素・リン酸・カリウムを「肥料の3要素」という。残りのカルシウム、マグネシウム、イオウは多量要素に分類されるが、必要量は少ないため「二次要素」あるいは「中量要素」と呼ばれる。

植物の生育にわずかだが必要な8つの元素は、「微量要素」に分類される。これらは土壌中に天然養分としてある程度含まれているので、通常は肥料として補充する必要は少ない。

多量要素の役割

必須要素が過剰になったり不足したりすると、作物の生育に何らかの障害が生じてくる。炭素・水素・酸素を除く6種類の多量要素が果たす植物体内でのおもな役割をまとめると、次のとおりである。

◆**窒素（N）** 茎葉の伸長を促進するため、「葉肥（はごえ）」とも呼ばれている。過剰に与えると徒長して病害虫に弱くなり、不足すると葉が黄色くなって落葉する。

表1　植物の必須要素（元素）と植物体内でのおもな働き

必須要素	多量要素	肥料の3要素	N	窒素	作物の主食ともいえる成分で、生育に最も強い影響を及ぼす。タンパク質・葉緑素の構成成分。特に茎葉を伸長させる。
			P	リン酸	呼吸作用や体内のエネルギー伝達に重要な働きをする。植物の根の伸長・分けつ・開花・結実を促進、過剰害は少ない。
			K	カリウム	光合成を活発にし、炭水化物の移動蓄積、タンパク質合成に働く。葉や茎・根を丈夫にして開花・結実を促進、マメの実つき・イモの肥大をよくする。
		中量要素	Ca	カルシウム（石灰）	葉や茎の細胞組織を強くして、耐病性を高める。根の先端の正常な発育に欠かせない成分で、根の伸長をうながす。
			Mg	マグネシウム（苦土）	葉緑素の構成成分。欠乏すると、葉脈間が黄化・白化する。リン酸の吸収と体内移動を助ける相乗作用がある。
			S	イオウ（硫黄）	窒素と同様にタンパク質の主成分。リン酸並みに多量に必要。不足すると軟弱になり、病気にかかりやすくなる。
			C	炭素	炭素・水素・酸素は、光合成による炭水化物の合成材料として不可欠。空気や水から供給されるので、肥料としては必要ない。
			H	水素	
			O	酸素	
	微量要素				Fe（鉄）・Mn（マンガン）・Zn（亜鉛）・Cu（銅）・Cl（塩素）・Mo（モリブデン）・Ni（ニッケル）・B（ホウ素）＊微量要素は基本的に、土壌中の天然ミネラル分が供給源となっている。

◆**リン酸（P）** 開花と結実に関係し、「花肥_{はなごえ}」または「実肥_{みごえ}」とも呼ばれている。花つきや実つきを良くするのに必要な要素である。体内のエネルギー伝達に重要な役割がある。

◆**カリウム（K）** 根の発育を促進するため、「根肥_{ねごえ}」とも呼ばれている。光合成や、炭水化物の移動や蓄積にも関係している。開花・結実を促進する働きもある。

◆**カルシウム【石灰】（Ca）** 細胞膜を強くし、耐病性を高める。根の伸長を促進する働きがある。植物体内の過剰な有機酸を中和する役割もある。

◆**マグネシウム【苦土】（Mg）** 光合成に必要な葉緑素の構成成分。苦土は、土壌中からリン酸の吸収を促進する相乗作用（下記参照）があり、植物体内でもリン酸と結びついて作物の成長の盛んな部分に移動し、肥料効果を発揮する。

◆**イオウ【硫黄】（S）** タンパク質・アミノ酸・ビタミンなどの生理上重要な化合物に欠かせない要素。葉緑素の生成を助ける働きもしている。

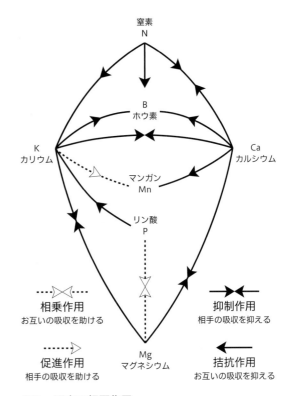

図1　要素の相互作用
（資料：livedoor blog「持続可能な農業より」）

肥料要素間の相互作用

　肥料の要素間には作物に吸収されるとき、抑制あるいは促進されたり、お互いにその吸収を阻害（拮抗作用）あるいは促進（相乗作用）したりする働きがある。

　拮抗作用は、ある養分が過剰なときに他の養分の吸収を阻害する現象で、例えばカリウム過剰では、マグネシウム・カルシウムの吸収を妨げ、欠乏症が発生する。ただし、ある養分が欠乏の場合には拮抗作用は発生しない。

　相乗作用は、植物の養分の吸収が他のある養分により促進される現象で、前項目で記したマグネシウムが適量あるとリン酸の吸収が促進される関係は相乗作用である。ただし、ある養分が過剰の場合には拮抗作用に転じることもある。

　また、カリウムはマンガンの吸収を促進し、カルシウムはマンガンの吸収を抑制するなどの相互作用の関係がある（図1）。

化学肥料の種類と特徴

化学肥料の分類

　化学肥料とは、化学的処理をして製造された無機質肥料で、次のように分けられる（図1）。

◆単肥　3要素（窒素・リン酸・カリウム）のうち、1成分だけ含む肥料。

◆複合肥料　3要素のうち、2成分以上含む肥料。化成肥料と配合肥料に区分される。

①化成肥料　化学的操作を加えて、造粒・成形した肥料。

　化成肥料には、3要素の成分割合の合計が30％以上ある高度化成と、30％未満の普通（低度）化成がある。

②配合肥料　化学的操作をしないで、複数の肥料を単純に混ぜ合わせたもの。

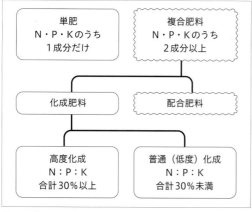

図1　化学肥料の分類

化学肥料の長所と短所

◆長所　速効性で肥効が高く、成分量がはっきりしていて施用量の調節がしやすい。また、有機質肥料より成分量当たりの値段が安い。

◆短所　水溶性で速効性のものが多いため、過剰施肥で濃度障害を起こしやすく、環境汚染源となりやすい。また、土壌を酸性化させやすい

ものがある。

肥効調節型肥料

　一般に化学肥料は速効性で流亡も早く、肥効の持続期間は短い。そのため長い肥効期間をもつ肥効調節型肥料が開発されている。

　肥効調節型肥料とは、無駄な流亡を防ぎ肥効を持続させるため、さまざまな方法で肥料成分の溶出を調節した化学肥料のことをいう（図2）。

◆IB窒素　速効性の尿素を化学的に処理して緩効性にしたもの。水に少しずつ溶けて、ゆるやかに作物に吸収される。

◆CDU窒素　尿素を化学処理して緩効性にしたもので、土壌中の微生物によって徐々に有効化される。

◆被覆肥料　コーティング肥料ともいい、水溶性の肥料をイオウや合成樹脂の皮膜で覆って、肥効の発現期間を調節した肥料。肥効期間が100日タイプから360日まで作期に合わせたタイプがある。

加水分解で有効化
注）土が乾いていると分解しにくい

水にゆっくり溶けて長く効く

微生物分解で有効化
注）地温13℃以下ではほとんど肥効なし

微生物

図2　肥効調節型肥料の仕組みの例

有機質肥料の種類と特徴

おもな有機質肥料の特徴

有機質肥料とは、生物（植物や動物）由来の有機物質からつくられる肥料のこと（表1）。

◆**植物油カス（有機栽培の基本となる窒素肥料）**

ナタネやダイズから油を絞ったカスで、最も多く利用されているのがナタネ油カス。

①**ナタネ油カス**　主成分は窒素。リン酸やカリウムも多少含む。土壌のなかで微生物によって分解され無機化し、ゆっくり肥効が出る緩効性肥料。土壌の物理性改善や、土壌微生物を活性化する働きも大きい。

②**ダイズ油カス**　主成分は窒素。分解速度が早く、肥効の速さではナタネ油カスより優れる。

窒素が主体の植物油カスには、骨粉や草木灰を加えて、Ｎ・Ｐ・Ｋのバランスをとる必要がある。

◆**骨粉**（緩効性リン酸肥料）

家畜の骨を砕き、加圧高温で蒸製して脂肪とゼラチン質を除いた「蒸製骨粉」が多い。リン酸が豊富な基肥用の緩効性肥料。

◆**草木灰**（速効性のカリウム・リン酸・石灰質肥料）

花や実をつけるのに必要なカリウムやリン酸分が多く、石灰分も多いため、pH調整効果もある。速効性で、追肥効果も高い。

◆**魚カス**（味を良くする動物質の有機質肥料）

イワシなどの魚を煮て脂肪を抜き乾燥させたもの。本来は家畜の餌になるものでやや高価。リン酸分も効きやすく窒素分がタンパク質で、微生物によって分解される。うま味成分のアミノ酸としても吸収されるため、果菜類などの甘味が増す。

◆**米ヌカ**（堆肥・ボカシ肥の発酵剤に最適）

米ヌカは、米を精米したときに出る副産物で、安く入手できるリン酸の多い緩効性有機質肥料。糖分やタンパク質も多いので発酵微生物の大好物。生ゴミなどを堆肥にするときに混ぜると悪臭も弱まり、微生物の活動が高まって腐熟が早くなる。油カスや骨粉などを発酵させてボカシ肥❶にするときの材料にも使われる。脂肪分が多く、分解が遅い生の米ヌカを基肥にするときは、作付けの3週間前に施し、土によく混ぜることが必要になる。

有機質肥料の注意点

- 化学肥料に比べて成分量当たりの価格が高い。
- 品質にバラつきが大きく、適切な施肥量設計を立てにくい。
- 肥料によっては供給量に限りがあり、価格の変動が大きい。
- 植物油カス類は、微生物による分解の過程で有毒で揮発性の有機酸を発生するため、畑に入れてすぐに播種すると発芽障害を起こす。

表1　おもな有機質肥料の成分と肥効

肥料の種類		含有成分の割合（％）			肥効	適用その他
		窒素	リン酸	カリウム		
植物質	ナタネ油カス	5〜6	2〜3	1〜1.5	緩効性	野菜・花・果樹など何にでも向く。
	ダイズ油カス	6〜7	1〜2	1〜2	緩効性	すべての野菜。暖地では追肥もできる。
	草木灰	−	3〜4	6〜8	速効性	魚カスと併用して多くの野菜に向く。
	米ヌカ	2〜2.6	4〜6	1〜1.2	緩効性	堆肥・ボカシ肥の原料として最適。
動物質	魚カス	7〜8	5〜6	1	速効性	野菜・果樹に向く。鳥や虫に注意。
	骨粉（蒸製）	2.5〜4	17〜24	1	緩効性	すべての作物、特に果樹に適する。
	カニガラ粉末	4〜9	1〜6	−	緩効性	キチン質を含み、病害抑制効果がある。

（原図：加藤哲郎・一部改変）

❶有機質肥料を施用する前に、ある程度まで微生物によって発酵・分解させた肥料。土壌中で微生物による分解が継続するので、速効性と緩効性がある。

堆肥の種類と特徴

用途（効果）別の分類

畑へ投入する有機物資材として市販されている各種の堆肥は、肥料分の少ない「土づくり型堆肥」と、肥料分の多い「肥効型堆肥（栄養堆肥）」の大きく2つに分けられる。

◆**土づくり型堆肥**　この型には「バーク堆肥」や「牛糞堆肥」などがある。ほかにも、家庭菜園やプランター栽培でよく使われる「腐葉土」は「落ち葉堆肥」に区分され、「土づくり型堆肥」の1つである。このタイプの堆肥は、保水性や通気性などの物理性改良効果が高い。

◆**肥効型堆肥**　この型には「鶏糞堆肥」や下水汚泥などからつくられる「汚泥堆肥」があり、肥料効果が高い。

おもな堆肥の種類と特徴

◆**バーク堆肥**　製紙工場や製材工場から廃棄物として出る樹皮（バーク）を粉砕して、発酵菌や家畜糞・尿素などを加えて腐熟させたもの。肥料効果は低いが、土壌改良の効果は高い。

◆**落ち葉堆肥**　落ち葉に米ヌカや油カスなどの有機質肥料を加えて発酵を促進させたもの。

◆**家畜糞堆肥**　家畜種により牛糞堆肥、豚糞堆肥、鶏糞堆肥などがある。いずれも微生物により発酵させたものであるが、牛糞、豚糞は含水率が高く、そのままでの発酵は困難なため副資材（オガクズやモミ殻、稲わら等）を混合して堆肥化する。鶏糞は含水率が低く、一般に副資材を入れずに発酵を行なう。

①牛糞堆肥　豚糞、鶏糞に比べると肥料成分は少ない。肥効は緩やかで長く続く。土壌改良効果はほかの糞堆肥より高い。

②豚糞堆肥　肥料の3要素のうちリン酸成分が多く含まれ、ほかの成分も適度に含まれる。肥効はやや早く、土壌改良効果は低い。

③鶏糞堆肥　窒素・リン酸・カリウムどの成分も多く、肥効は早い。土壌改良効果は低い。

◆**おもな堆肥の肥料成分と特性**

家畜糞堆肥を含めたおもな堆肥の肥料成分含有量を表1、特性を表2に示した。

表1　堆肥現物1tの有効成分量

堆肥の種類	畜種	有効量（kg）		
		窒素	リン酸	カリ
家畜糞堆肥	牛糞	2.2	8.7	13.1
	豚糞	11.8	28.2	17.3
	鶏糞	16.8	40.9	28.1
オガクズ混合堆肥	牛糞	0.7	4.0	8.2
	豚糞	4.2	10.2	7.5
モミガラ混合堆肥	牛糞	1.7	9.3	8.9
	豚糞	6.7	13.4	20.2
稲わら混合堆肥	牛糞	1.0	2.9	4.8
稲わら堆肥	－	1.2	1.0	4.1
バーク堆肥	－	0.0	1.6	1.4
落ち葉堆肥	－	2.1	1.0	3.6

（資料：『栃木県農作物施肥基準』平成29年より抜粋）

表2　各種堆肥の特性

堆肥の種類		施用効果		
		肥料効果	土壌改良	肥効速度
稲わら堆肥		中	中	緩
家畜糞堆肥	牛糞	中	中	緩
	豚糞	大	小	速
	鶏糞	大	小	
木質混合堆肥	牛糞	小	大	緩
	豚糞	中	大	
バーク堆肥		小	大	緩
モミガラ堆肥		小	大	緩
都市ゴミコンポスト		中	中	緩
下水汚泥堆肥		大	小	速
食品産業廃棄物		大	小	速

（資料：現場の土づくり・施肥　関東土壌肥料専技会より抜粋）

連作障害の原因と対策

連作障害とその原因

毎年同じ畑に同じ科の作物を続けて栽培すると生育不良になり、収量・品質が低下しやすい。このような現象を連作障害という。

連作障害の原因は、同じ科の作物を繰り返しつくることによる土壌の状態の片寄りにあり、次の3つがある。

- 土壌中に特定の病原菌や害虫の卵・幼虫が増える。
- 作物の根が他の植物の成長を抑えるために出す毒性物質（いや地物質）を連作土壌中に増やし、濃度が高まると作物自身が自家中毒を起こす。
- 作物による肥料養分の吸収に片寄りがあるため、連作中に養分の欠乏症が発生する。

連作障害の出やすい野菜と出にくい野菜

野菜には連作障害が出やすいものと、出にくいものがある（表1）。サツマイモやカボチャ、ネギ類などは連作障害が出にくいが、その他の野菜では連作を嫌うものが多い。対策として休栽期間を設けるが、特に休栽期間を長くとる必要があるのが、エンドウ、ナス、スイカである。

輪作による連作障害対策

連作障害を防ぎ、地力❶を維持するために昔から行なわれてきたのが輪作である。輪作は、同じ耕地に異なる種類の作物を一定の順序で繰り返して栽培することで土壌の養分バランスをとるとともに、連作での病原体・害虫などの被害を防ぐ。

◆**輪作の作付け例**　イネ科作物⇒マメ科作物⇒根菜類（深根作物）の順に作付けする作型などがある（表2）。

イネ科作物（ムギ類など）は、根や茎として有機物が多く残り、土壌有機物の保持や供給の働きをする。

マメ科作物（ダイズ、牧草など）は、肥沃度向上、特に空中窒素の固定などによる養分補給機能を果たす。

根菜類・深根作物（ゴボウ、ナガイモなど）は、土壌構造の改良、深層の養分利用を促進させる効果がある。

◆**同科野菜の連作回避**　植える野菜が違っても、同じ科の野菜を連作すると連作障害が発生しやすい。例えばトマトやナス、ジャガイモなど、同じナス科同士では連作障害が起きやすい。違う科の野菜を植えることで連作障害を回避する。

表1　連作障害の出やすい野菜と出にくい野菜

連作障害が出やすい野菜	エンドウ・ナス・スイカ	7年以上休栽
	ゴボウ・サトウダイコン	5〜6年以上休栽
	エダマメ・トマト・ピーマン・サトイモ	3〜4年以上休栽
	キュウリ・ジャガイモ・インゲン	2年休栽
連作障害が出にくい野菜	サツマイモ・カボチャ・ニンジン・タマネギ・ネギ・コマツナ・シュンギク・ニンニク・フキなど	

表2　輪作の作付け例

【イネ科作物】　⇒	【マメ科作物】　⇒	【根菜類】
ムギ類 トウモロコシなど	ダイズ、ラッカセイ インゲン、エンドウなど	ゴボウ、ニンジン カブ、ヤマイモなど

❶地力：作物を生産する土壌の能力全体をさす言葉で、養分供給力だけでなく、通気性、保水性、透水性、易耕性（耕しやすさ）、微生物活性とその安定性などの要因が含まれる。

栽培作業の基礎
土壌の管理作業

土壌の改良

◆**有機物の施用**　腐植が多く団粒構造の図られた野菜畑では、微生物の活動が活発で有機物の分解が早い。そのため、定期的に堆肥などの有機物を施用する必要がある。

　堆肥には、原料が植物性主体で肥料分の少ない「土づくり型堆肥」と、家畜糞主体で肥料分の多い「肥効型堆肥」の2つがあり（→p.92〈用途別の分類〉の項参照）、それぞれの特性を把握して使用することが大切である。

◆**石灰の散布**　石灰資材（→p.87〈石灰を使用した酸性土壌の改善〉の項参照）は、土壌酸度（pH）の調整のために投入されるが、作物には酸性土壌を好むものや酸性土壌でも十分に育つものもあるので、それぞれの好適酸度を確認することが大切である。石灰資材をまくときはpHを調べて、基肥施用の1週間前、播種や定植の2～3週間前に行なう（→p.97「栽培管理①」欄外参照）。

耕起・砕土・畝立て

◆**耕起**　くわなどで土を起こして反転する作業。有機物の分解や土壌微生物の繁殖を促し、通気性や保水性を良くする効果がある。

◆**砕土**　土のかたまりを細かく砕き、地面を平らにする作業。播種や定植をしやすくする。

◆**畝立て**　播種や苗の定植のために少し盛り上げた場所をつくること。

①**高畝**　排水が悪く過湿になりやすい畑では、畝を高くつくる（15cm以上）。

②**平畝**　排水性が良く、表土が乾きやすい畑では畝を低くする（5～10cm）。

③**畝の方向**　夏場（春作）は南北畝にし、冬場（秋作）は東西畝にする（図1）。

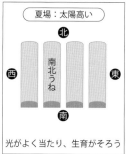 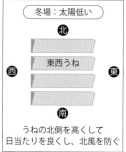

図1　畝の立て方　（資料：誠文堂新光社「農業のきほん」）

基肥（元肥）の施用

　播種や苗の定植前に入れる肥料を基肥（元肥）という。基肥は、作物の生育期間に合わせて、速効性の肥料や緩効性の肥料を使い分ける。リン酸肥料は土中を移動しにくいので、基肥として使うことを基本とする。

　施肥法には、全層施肥（圃場全面に施肥し、作土❶全体に混合する）、表層施肥（作土の表層に施す）、溝施肥などがある（図2）。基肥を入れる時期は、肥料を土になじませるために、播種や定植の1週間前には済ませておく。

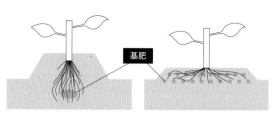

図2　作物に合わせた施肥法

---

❶耕耘、施肥、灌水などによって耕されている農耕地土壌の上部のこと。

直まき栽培と生育管理

直まき栽培は、作物や野菜の移植や定植を行わず、圃場に直接種をまいて栽培管理する方法（図1）である。育苗作業の省力化や育苗コストの削減を図ることができ、その作業やコストの余剰分により経営規模の拡大が可能となる。

直まきする野菜

移植ではなく、直まきした方がよい野菜は以下のとおりである。

【根菜類】ダイコン、カブ、ニンジン、ゴボウなど。これらは直根性の野菜で、直根性の苗を移植すると植え傷みが大きく、品質が著しく低下する。

【軟弱葉菜類】ホウレンソウ、コマツナ、ミズナなど。これらは軟弱な葉菜類で、播種から収穫までの生育期間が短いものは直まきが適する。

播種の方法

◆**すじまき**　すじ状に溝をつけ、その溝に連続して播種する方法で、播種も管理も比較的容易。コマツナやホウレンソウなど葉菜類、カブ、ニンジンなどの小型の根菜類に適する。

◆**点まき**　一定の間隔でまき穴をつくり、1カ所に数粒播種する方法。種子の量が少なくてすみ、間引きも容易。ダイコン、トウモロコシなど大きく成長する作物に向いている。

◆**ばらまき**　畝全体に種子をばらまく方法。栽培期間の短い葉菜類などの播種に使われる。

覆土と鎮圧

◆**覆土**　播種後に土をかけること。発芽に光を必要としない嫌光性種子の種まきや、雨による流亡、鳥類による食害防止の目的で行う。かける土の厚さは、種子の厚さの2～3倍が目安になるが、発芽に光が必要（→p.75〈発芽と光〉の項参照）なレタス、ミツバ、ゴボウなどの場合は、覆土を薄くかけるか、覆土をかけずに鎮圧する。

◆**鎮圧**　覆土した土を手のひらやクワの背面などで押さえる作業。土を押さえることによって、種子と土を密着させるとともに、土の表面からの水分の蒸発を防ぐ効果がある。

間引きと中耕・除草

◆**間引き**　発芽したあと、生育初期の段階で何回かに分けて必要なものだけを残し、ほかを引き抜くこと。間引きの目的は、徒長したもの、生育遅れのもの、異常のあるものを取り除き、生育をそろえることである。

◆**中耕**　作物の栽培途中で、畝や通路の表面をクワやレーキで軽く耕すこと。中耕の目的は、土が締まり水はけや通気性が悪くなった土の改善とともに、雑草を取り除くことにある。

◆**除草**　作物と雑草との養水分の競合を防ぎ、日当たり・風通しを良くすることで病害虫のすみかをなくし、健全な生育を図る目的がある。

図1　種のまき方

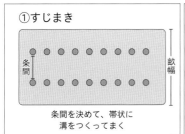

①すじまき

条間を決めて、帯状に
溝をつくってまく

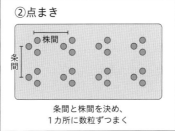

②点まき

条間と株間を決め、
1カ所に数粒ずつまく

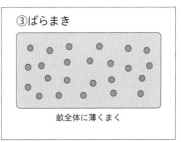

③ばらまき

畝全体に薄くまく

移植栽培と育苗管理

作物の苗を苗床や育苗箱あるいはポリポット等の容器で育て、それを本畑（本田）に移植（定植）する栽培方法を移植栽培という。

育苗する野菜と育苗技術の開発

育苗する野菜には次のような種類がある。

【葉茎菜類】キャベツ、ハクサイ、ブロッコリー、タマネギ、レタスなど

【果菜類】トマト、ナス、キュウリ、スイカ、カボチャ、エダマメ、インゲンなど

小さなポット（セル）が数多く連なった容器（セルトレイ）で育てた苗（プラグ苗、図1）を移植苗として利用する新技術も開発され、いろいろな野菜で活用されている。

なお、移植を行なうと根に植え傷みの障害を受けるダイコン、ニンジン、ゴボウなどの直根性の野菜（**【根菜類】**）は育苗による移植栽培に適さないため、本畑に直まきを行う。

移植適期のハクサイ苗　　　　セルトレイ

図1　セル成型苗とセルトレイ
（写真提供：農研機構野菜花き研究部門）

育苗・移植栽培の長所

・生育環境の整った場所で発芽・育成するため、病害虫や悪天候による被害を防げる。
・発芽に適した環境で種まきを行うため、種まき後の発芽がそろう。
・雑草に負けない大きさで定植ができる。
・本畑での栽培期間を短縮でき、畑の活用率を高めることができる。

・間引きの手間を省くことができるとともに、間引く分の種を節約できる。

［セルトレイを使ったプラグ苗の長所・短所］

長所
①苗の生産から植え付けまでの機械化生産システムが確立している。
②苗が小さく持ち運びが容易で、輸送性に優れている。
③苗1本当たりのスペースが少ないので、小面積で効率的な育苗ができる。
④根鉢が形成されており、ポットから容易に抜き取れて、根を傷めずに移植できる。

短所
①育苗に多くの施設、資材や機材を必要とする（育苗温室、灌水装置、播種機など）。
②密植状態で育成されるため、苗が軟弱になり徒長しやすい。
③1セル当たりの床土が少ないため苗が老化しやすく、植え付け適期の幅がせまい。

育苗管理

良い苗の条件として、①病害虫の発生がなく健全である、②軟弱徒長しておらず、適度な草丈である、③下葉が黄化した老化苗になっていない、④根鉢の形成が良い、⑤苗の生育が均一である、などがある。

良い苗を育てるためには、均一に発芽させ、日当たりや通風の良い環境で管理し、移植適期に合わせた育苗栽培が必要になる。そのためには野菜の種類、栽培時期、生育段階、生育状況に応じた温度、光、養水分などを細かく調節することが大切である。

栽培管理①

畑の準備

◆堆肥・(石灰)・化成肥料等の施肥

一般的に、種をまいたり苗を植える前に畑には、堆肥の散布（約1ヵ月前）→石灰質肥料の散布（【必要な場合】2週間前）→化成肥料（1週間前）の施肥をして❶その都度耕す。

マルチの設置

種をまく直前や苗を定植する1週間前にマルチング（→p.81〈マルチングによる多様な効果〉の項参照）を行なうと地温が上がり、播種後に発根した根や定植苗の根の生育が良くなる。

追肥

作物の栽培期間中に、生育状態にあわせて施す肥料を追肥といい、速効性肥料を使う。

◆追肥の目的

- 生育のため吸収された肥料成分を補給する。
- 降雨や灌水で流れた肥料成分を補給する。
- 作物の生育段階に応じた肥料成分を補給する。

◆追肥の注意点

- 作物によって必要とする肥料成分や、必要とする時期が異なる。
- 施肥量が過剰になると、作物の根が肥料焼けを起こして生育が阻害される。

土寄せ

作物の株元に土を盛ることを土寄せという（図1）。土寄せは追肥とあわせて行なわれることが多く、作物により目的が異なる。株が育っていくにしたがって根の先端も広がっていくので、土寄せのときには根が伸びていく先に肥料

を与えると、効率よく肥料成分を吸収することができる。

◆土寄せの目的

- 株の倒伏を防ぐ。
- 新しい根の発生を促す。
- 食用部の日焼けを防ぐ（ジャガイモの緑化防止など）。
- 食用部の軟白化を促す（根深ネギなど）。
- 根菜類の霜害を防止する（ニンジンなど）。
- 土をかくことでの除草と、土を寄せることでの雑草の発芽抑制。

◆土寄せの注意点

- 葉に土がかからないように注意する。
- 一度にたくさん寄せるのではなく、作物の成長にあわせて行なう。

灌水

人為的に作物に必要な水を与えることを灌水という。

◆灌水の目的

- 晴天続きで土が乾燥したとき、播種・定植後や果実の肥大時期などに、不足する水を補給する。

◆灌水の方法と注意点

- 土の乾き具合は、気象条件や作物の生育状態によって変わるため、観察して適時灌水する。
- 灌水するときは、たっぷりと行なう。土の中にしっかりとしみこむよう、2〜3度繰り返し灌水する。
- 灌水は、日射しがつよくなる前の早朝か、日射しが弱くなった夕方に行なう。冬場は灌水した水が冷え込むので、夕方は避ける。

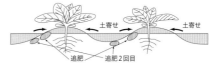

図1　追肥・土寄せの方法

---

❶施肥は、堆肥の散布による土壌の団粒構造の形成までの期間や、石灰の強いアルカリ成分の障害、化成肥料の窒素成分と石灰のアルカリ成分の接触によってアンモニアが発生する障害などの回避を考えて、それぞれの施肥を行なう時期をずらすとよい。

栽培管理②

果菜類の整枝作業

　果菜類は定植後に枝やツルが伸び、節にはわき芽、先端には頂芽が発生する（図1）。そうした枝やツルの形を整えるのが整枝作業である。整枝作業によって、茎葉を伸ばす栄養成長と花や実をつける生殖成長のバランスをとり、光合成産物を効率的に活用させることがおもなねらいである。

果菜類の整枝作業

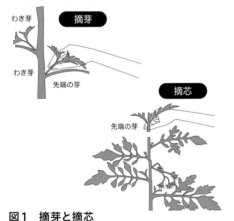

図1　摘芽と摘芯

　どのように整枝するかは、作物の種類や品種、目的によって異なり、それぞれに適した整枝方法がある。

◆摘芽（芽かき）　トマトなどで茎と本葉の間から伸びてくるわき芽を取り除くこと。栄養の分散・茎葉の茂りすぎを防ぎ、品質の良い花・充実した実をつけさせる。

◆摘芯　茎の先端の芽を摘むこと。芽を摘むことで成長する高さを抑えたり、摘まれた茎の下にあるわき芽の成長を促し、枝葉や花・実の数を増やす。

◆摘葉　枯れた葉や、茂りすぎた葉を取り除くこと。通風、日当たりを良くし、健全な生育にする。

◆摘果（花）　形や生育が不良の実（花）、多すぎる実（花）を取り除き、残った実を充実させる。

支柱仕立て・誘引

◆支柱立て　作物を支えるための支柱を立てることをいう。作物全体に日が当たるように、また作物の倒伏を防ぐため、支柱を立てて作物を支える（図2）。

　支柱は鋼管製のもの、それに樹脂をコーティングしたものや竹製のものなどがある。長さや太さは、作物が成長したときの草丈や重さを考えて選ぶ必要がある。

◆誘引　作物の茎やツルを伸ばしたい方向に、支柱や網（ネット）を使って固定することをいう。専用の資材もあるが、麻ひもやビニールタイなど径が1〜2mm程度のひもが便利である。

　結び方は、茎が成長して太くなるので、葉の下側の茎に少し緩めにして、8の字になるように支柱にしっかりと結びつける。

誘引の目的
・茎が曲がらないようまっすぐ成長させる。
・株同士が絡み合わないようにする。
・どの株にも均一に光が当たるようにする。
・摘芽や収穫をしやすくする。

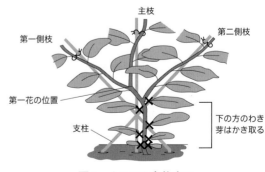

図2　ナスの3本仕立て

栽培分野（2）

おもな作物の栽培例

[穀類]※

イ ネ

[葉茎菜類]

ネ ギ

ハクサイ

ブロッコリー

ホウレンソウ

[果菜類]

カボチャ

キュウリ

スイートコーン

トマト

ナ ス

ピーマン

[果実的野菜]

メロン

[根菜類]

ダイコン

ニンジン

[いも類]※

サツマイモ

ジャガイモ

[豆類]※

ラッカセイ
（落花生）

分類の表記について

分類の名称は、農林水産省の「作物統計調査における調査対象品目の指定野菜及び準ずる野菜」
による分類。ただし、※は農林水産省の「作物分類」による分類。

次ページからの栽培の基本について

・「栽培カレンダー」は関東地方の温暖地で、最も栽培しやすい時期とした。
・「化成肥料」は窒素、リン酸、カリウムの成分をそれぞれ8％含む肥料とした。
・畝幅は畝のすその部分の幅とした。また、畝幅の基準は70㎝とした。
・「国内生産量と1人当たりの購入量」の項目について、生産量は農林水産省の野菜生産出荷
　統計の「収穫量」を、1人当たりの購入量は総務省の家計調査年報のデータをもとに記載した。
・国内生産量の空欄は制作時未発表のためである。

イネ

作物の基本情報

穀類・イネ科
原産地｜中国南部長江流域
おもな生産地｜新潟県・北海道・秋田県
　　　　　　　（2021年産）

栽培カレンダー

1月	2月	3月	4月	5月	6月	7月	8月	9月	10月	11月	12月

◆△○　　□┈┈┈┈■　　▲━━━▓

◆ 土づくり　△ 芽出し　○ 種まき
□ 移植　　　┊ 分げつ　■ 中干し
▲ 開花　　　▓ 収穫（稲刈り）

おもな病害虫

病気｜ごま葉枯れ病、苗立枯れ病、いもち病
害虫｜カメムシ類、ヨコバイ類、ウンカ類

※1　選種
うるち米なら比重1.13、もち米なら比重1.08の塩水に入れて充実した種もみを選ぶことをいう（塩水選）。不良なもみは上に浮くので、それを取り除く。

※2　芽出し（催芽）
種まきの前に種もみの芽を約1mmまで発芽させることをいう。

※3　出芽
発芽した芽が約1cmに成長し、地表に芽が出てきた状態をいう。

❶マット苗用の育苗箱は幅30cm、長さ60cm、厚さ3cmの四角の箱で、その中に床土を入れて育苗する。

図1　トラクターによる代かき作業

品種とその特徴

　イネの代表的な品種といえば、粒の粘り強さが特徴の「コシヒカリ」である。しかし、「コシヒカリ」は茎が弱く倒れやすいため、倒れにくくて食味の良い新しい品種の育成が全国で試みられている。また、味（甘味・うま味）や炊飯米の外観だけでなく、地球温暖化にともない、耐暑性も育種の重要な課題となっている。

栽培の手順（手作業栽培の例）

種もみの準備・育苗

　選種※1して消毒したのち、水に浸けて吸水させた種もみを加温して芽出し※2を行ない、専用の育苗箱❶にまく。出芽※3後は、寒冷紗や不織布などで覆い、光にならすために2〜3日間弱光下で育てる（緑化）。その後は覆いをはずして苗を外気温にならし、最後は自然温度下で生育させる（硬化）。

本田の準備（耕起・代かき・施肥）

　本田の準備作業は、トラクターで行なうことが多い。土を耕す耕起は、わらや刈り株をすき込み、雑草の種子を埋め、雑草の発生を抑える効果がある。また耕起後は、田に水を入れて代かき（図1）を行なう。代かきは、田んぼの水漏れ防止や土を柔らかくして田の表面を平らにすることで水を均一に行き渡らせ、苗を植えやすくして生育ムラを防ぐ目的がある。基肥の施肥のやり方には、耕起前に肥料を作土全体に施して混合する全層施肥や、代かきの後に施し表面に留める表層施肥などがある（→p.94〈基肥の施用〉の項参照）。

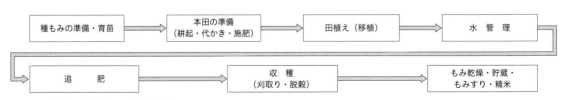

種もみの準備・育苗	→	本田の準備 （耕起・代かき・施肥）	→	田植え（移植）	→	水管理

追肥	→	収穫 （刈取り・脱穀）	→	もみ乾燥・貯蔵・ もみすり・精米

図2　水稲移植栽培の作業体系

▌基本的特性

温度	発芽適温 30 〜 34℃ 生育適温 25 〜 30℃
光	十分な日光を必要とし、日光不足では徒長するので倒れやすくなる。
水	新鮮で温かな水を必要とする。（水温 20 〜 30℃）
土	肥料もちのよい弱酸性の土壌が適する。 土壌 pH6.0 〜 6.5

▌国内生産量と1世帯当たりの購入量

年	国内生産量 (t) （主食用米）	1世帯当たりの 年間購入量 (kg)
2021	700万7000	60.8
2020	722万6000	64.5
2019	726万1000	62.2
2018	732万7000	65.7

田植え（移植）

　田植えは、ほとんど田植機によって行なわれている。専用の育苗箱で育てたイネの苗は根が絡まってマット状になっており、これを田植機のツメでかき取るようにして植えていく（図3）。

水管理

　田んぼの水量は常に一定ではなく、イネの成長にあわせて変えていく。特に水を多く必要とするのは、田植え後の根が活着するまでの時期と、穂が育つ時期である。茎元に穂のもと（幼穂）ができる前（7月下旬頃）には、一度水を抜いて田んぼを乾かし、土の中に酸素を補給する（中干し）。その後、穂が出始めるまで水の出し入れを繰り返し（間断灌漑）、酸素の補給をする。

追肥

　追肥は時期と目的により、大きく3つに分けられる。苗の枝分れ（分げつ）を促すため移植後15 〜 30日頃に施す「分げつ肥」、穂のもみ数を増やすため穂が出る15 〜 25日前頃に施す「穂肥」、もみを充実させるため穂が出たあとに施す「実肥」がある。

収穫（刈取り・脱穀）

　1本の穂のもみの85％ほどが黄色くなった頃が収穫適期である。日本の作付け面積の約90％は、刈取りと脱穀❷を同時に行なう自脱型コンバインで収穫されている。かつては、脱穀の前に、刈り取った株のまま圃場で太陽と風にあててモミを乾燥させる「天日干し」「稲架掛け・稲架干し❸」（図4）などの自然乾燥が行なわれていた。

もみ乾燥・貯蔵・もみすり・精米

　収穫された生もみは、貯蔵性を高めるために「カントリーエレベーター」などの共同乾燥施設で、まとめて乾燥を行なうことが多い。貯蔵されたもみは必要に応じて取り出し、もみすり❹を行ない、玄米を出荷する。玄米を覆うぬか層を取り除くのが精米で、胚芽とぬか層を完全に取り除いたものが白米（図5）である。

図3　乗用型田植機による移植

機械植えでは、条間30㎝、株間15 〜 20㎝が植え付けの目安となる。株間に対して、条間を広く取ることから長方形植えと呼ばれている。

図4　稲架掛けのようす

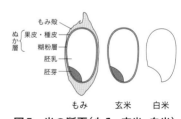

もみ殻
ぬか層
果皮・種皮
糊粉層
胚乳
胚芽

もみ　　玄米　　白米

図5　米の断面（もみ・玄米・白米）

❷穂からもみを取りはずす作業

❸稲架掛け・稲架干し：はさ木や稲木と呼ばれる木の棒を圃場に組み、そこに刈り取った稲株をかけて太陽光と風で乾燥させる方法。

❹もみ殻と玄米に分ける作業

連作障害がない稲作

　水の張られた田んぼで育つイネは、同じイネ科でも畑で育つコムギと比べると、栽培上の特性が大きく異なる。まず挙げられるのが、（一部で行なわれている直播栽培❺を除き）育苗した苗を移植して育てることである。日本人にとって「田植え」は当たり前の光景だが、種子を圃場に直接播種する直まき栽培が多い穀類のなかでは珍しい。また、コムギでは連作障害を避けるためにジャガイモ、ビートなどと輪作が行なわれているが、イネは、毎年同じ場所で作り続けることができることもイネの特長❻といえる。

イネの成長にあわせた水管理

　水田で栽培するイネは、成長の段階や環境の変化に対応して水の量を管理していくことが重要となる。図6は、イネの生育と水管理を表したものである。

　田植えをしてから活着するまでは、水温をできるだけ高く保って活着を早めるため、深水とすることが大切である。活着して分げつ❼が始まってからは株元に光を当てて、分げつの発生を促進するために浅水にする。必要な分げつの本数が確保できてからは、落水して中干し管理に移行する。これは灌水によって還元状態となった土壌中に空気を入れて根ぐされなどを防いだり、過剰な窒素吸収を抑え、遅発分げつ❽を抑制するために行なわれる。

　幼穂形成期からは、田の水がなくなったらまた入れるという間断灌漑とするのが一般的である。こうすることで根に酸素と養分を供給し、イネの活力を維持することができる。ただし、幼穂形成期から穂ばらみ期は低温に弱く不稔障害❾を受けやすいため、低温が予想されるときは水位を15cm以上に保ち、水の保温力を活かした深水管理が推奨されている。

❺水田で栽培するイネを「水稲（すいとう）」と呼ぶが、畑地で直まき栽培する「陸稲（りくとう）」または「おかぼ」と呼ばれるイネもある。両者が栽培する品種に差異はないが、現在は水稲・陸稲用に改良された苗が使われている。陸稲は水田を作る必要がないため育成が容易であるが、水稲に比べ収穫率・食味は落ち、また連作障害も起きる。

❻イネで連作障害が出ないのは、田んぼに水を張ることによって土壌の還元が進み、土壌病害の発生が抑えられたり、生育に有害な成分を水で流し出すと考えられる。

❼分げつはイネ科植物の側枝のことで、各節に一つずつ出る。播種して最初に現れる茎を主茎あるいは主稈（しゅかん）と呼び、主稈の各節から出る分げつを一次分げつ、一次分げつの各節から出る分げつを二次分げつと呼ぶ。新しい葉の展開と分げつの出現との間には一定の規則性があり、「同伸葉・同伸分げつ理論」と呼ばれている。主稈の第4葉が展開し始めると、第1葉の腋（えき）から分げつの第1葉が出現する。

❽遅発分げつとは、有効分げつ決定期以降に遅れて発生した分げつのこと。

❾不稔障害は、低温などのストレスによって葯・花粉が形成障害をうけ、受精がうまくいかずに、実りが悪くなる障害のこと。

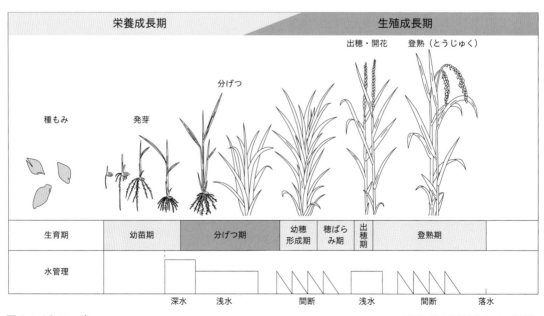

図6　イネの一生

（資料：誠文堂新光社「コメの基本」）

中干し

コンバインでの収穫

	栄養成長期				生殖成長期			
	活着期	分げつ期			幼穂形成期	穂ばらみ期	出穂期	登熟期
生育期	移植期	分げつ開始期	分げつ最盛期 / 有効分げつ終止期	最高分げつ期	幼穂分化期		穂ぞろい期	乳熟期 / 完熟期 / 収穫期
おもな管理作業	初期除草剤散布	深水	浅水 / 追肥 / ウンカ類防除	中干し / 後期除草剤散布 / 葉いもち・ごま葉枯れ病防除	追肥 / 間断かんがい	追肥（穂肥）／紋枯れ病防除 / ウンカ類防除	いもち病防除	追肥（実肥） / いもち病・白葉枯れ病・ウンカ類防除 / スズメの防除 / 落水 / 刈りとり・乾燥 / 収量診断・採種

図7　本田期間のおもな管理作業

ネギ

作物の基本情報

葉茎菜類・ヒガンバナ科
原産地｜中国西部
おもな生産地｜千葉県・茨城県・埼玉県
（2021年産）

栽培カレンダー

	1月	2月	3月	4月	5月	6月	7月	8月	9月	10月	11月	12月
春まき	○ー○						□	□				
秋まき									○			

○ 種まき期間 　□ 定植 　■ 収穫

おもな病害虫

病気｜さび病、べと病、黒腐菌核病
害虫｜アブラムシ類、ネギアザミウマ、ネギハモグリバエ

葉鞘部

図1　根深ネギ（上）と京都府の地ネギ「九条ネギ」（下）

品種とその特徴

　ネギは、土寄せして軟白化させた葉鞘を食べる根深ネギ（図1）と、緑の葉の先端部まで食べる葉ネギに大きく分けられる。

　根深ネギは、耕土の深い場所が多い東日本で栽培されてきた。冬にも成長するタイプの「千住ネギ」と、冬に地上部が枯れて休眠し、越冬できる耐寒性の強いタイプの「加賀ネギ」がある。葉ネギは、耕土の浅い西日本で多く栽培され、京都府の「九条ネギ」（図1）は年間を通して収穫される。

　食べる部位だけではなく、分げつの出方によって分ける方法もある。「松本一本ネギ」や「石倉一本太ネギ」といったほとんど分げつを出さずに太い葉鞘をたべるタイプと、分げつによって茎を増やし、青い葉を食べる「九条ネギ」や「万能ねぎ」タイプである。

　そのほかにも、食べる部分の太さで分ける方法もある。

　日本には500以上のネギの品種があり、群馬県の「下仁田ネギ」、茨城県の「赤ネギ」など各地の地ネギも人気がある。

栽培の手順

畑の準備

　植え付けのおよそ1カ月前に堆肥2kg／㎡、苦土石灰100g／㎡を施し、よく耕しておく。定植時には、植え溝として深さ15cm、幅15cmの溝を掘っておく。2畝以上植える場合、畝の間隔は70〜90cmあけておく。基肥に化成肥料は不要である。

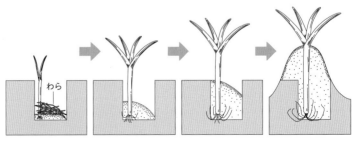

わら

図2　根深ネギの定植と土寄せ方法　　（資料：実教出版『野菜』）

基本的特性

温度	発芽適温15 ～ 20℃／生育適温15 ～ 20℃ 耐暑性、耐寒性ともに高い。
光	光の弱い冬季の栽培や密植栽培も可能。
水	乾燥には強いが、湿度が高いと酸素不足による湿害を受ける。
土	耕土が深く、通気性の良い壌土・砂壌土が適している。好適pH6.0 ～ 6.5

国内生産量と1人当たりの購入量

年	国内生産量（t）	1人当たりの年間購入量（g）
2021	44万　400	1584
2020	44万1100	1699
2019	46万5300	1510
2018	45万2900	1487

苗の購入・定植

　育苗期間が長いため、苗を購入して育てるのがよい。葉の緑色が濃く、葉鞘径が鉛筆くらいの太さが良い苗の目安である。準備した植え溝に株間7 ～ 12cmを目安に苗を植え、根がかくれる程度に土をかける（図2）。乾燥と倒伏防止及び酸素を供給するために、わらを敷いておく。

葉鞘の軟白化

　根深ネギの葉鞘を軟白化する方法には下記の2つの方法がある。

[土寄せ法] 生育にあわせて何回かに分けて土寄せをする。土寄せとは、葉鞘部と葉身部の境まで土をかぶせる作業で、1回目は定植40 ～ 50日後に、最後は収穫30 ～ 40日前に行なうとよい。追肥は畝1m当たり化成肥料50gを目安に、土寄せを行なうタイミングで畝間に施す。土寄せの際には、追肥と畝間の土を混ぜて土寄せする。土寄せの回数が少ないと葉鞘の伸びが不十分となる（図2）。

[マルチ穴底植え法] 畑に肥料を施したら幅20 ～ 30cmの畝をつくる。できたら畝の表面の土を鍬などで軽くたたき、少しかたくしてから黒マルチをかける。その後、直径3cmくらいの棒で深さ30cm程度の植え穴をあけ、そこにネギ苗を1本ずつ落として作業は終了。大きな労力が必要な土寄せをしなくても、軟白部のあるネギが収穫できる（図3）。

収穫と保存

　根深ネギは、最後の土寄せから40日前後経過して、葉鞘部が完全に軟白したら収穫する。葉鞘部の基部が出るくらい十分に土を掘り下げ、折らないように抜き取る。収穫後は新聞紙に包み、ポリ袋に入れて、冷蔵庫に保存する。

植え穴の掘り方

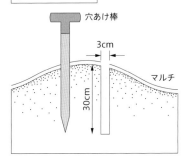

植え方

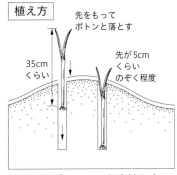

図3　ネギのマルチ穴底植え方
（資料：誠文堂新光社『農業のきほん』）

ハクサイ

作物の基本情報

葉茎菜類・アブラナ科
原産地｜中国
おもな生産地｜茨城県・長野県・群馬県
（2021年産）

栽培カレンダー

1月	2月	3月	4月	5月	6月	7月	8月	9月	10月	11月	12月

春まき ○──○──■
夏まき ○──■

○ 種まき期間　■ 収穫

おもな病害虫

病気｜病気　軟腐病、根こぶ病、べと病
害虫｜アブラムシ類、ハスモンヨトウ、ネキリムシ

図1　結球タイプ（上）と非結球タイプ（下）の「広島菜」

図2　ハクサイの根こぶ病
ハクサイの根こぶ病は土壌伝染性の病気で、酸性土壌を好む（→p.82「おもな病害と対策」参照）。根に大小ぞろいのこぶが多数できる。茎や葉の生育が悪くなり、収量も減少する。
（写真提供：愛知県農業総合試験場環境基盤研究部病害虫防除室）

❶ハクサイは種子感応型（→p.78〈花芽分化とその要因〉の項参照）で、同じアブラナ科のキャベツも低温で花芽分化するが、一定の大きさに成長してから低温にあわなければ花芽分化が起こらない緑植物感応型。キャベツの場合は、ハクサイのように初期生育を急ぐことはない。

品種とその特徴

ハクサイには結球タイプ、半結球タイプ、非結球タイプがあるが（図1）、日本での流通の中心は結球タイプである。なかでも頭部の葉が重なり、重量感のある円筒形の結球ハクサイが最近の主流となっている。日本各地で地域に根付いた在来品種も残されており、非結球ハクサイの漬物向き品種である広島市の「広島菜」や東京都の江戸川、荒川周辺でつくられる若どり半結球ハクサイの「べか菜」などがある。また、近年の家族の少人数化にともなって、小売店ではカット販売されることが多くなり、通常の4分の1ほどの大きさのミニハクサイもつくられるようになった。

栽培の手順

畑の準備

畝幅は品種によって異なるが、露地で夏まき栽培の場合は70cm程度とする。ハクサイは酸性土壌で病気が発生しやすくなるので、石灰は多めに施しておく（図2）。pHが6.5～7.5になるよう、苦土石灰を150g/㎡を目安に施す。施肥は堆肥を2kg/㎡、化成肥料を150g/㎡施す。過湿に弱いので土はよく耕し、排水性を良くしておく。

種まき・育苗・定植

[直まきの場合] 株間45～60cmになるよう1カ所に数粒を点まきし、薄く覆土する。間引きは3回くらいに分けて行ない、生育の良い株を1つ残す。1回目は子葉が展開したとき、2回目は本葉2枚のとき、3回目は本葉6～7枚のときが目安である。

[セル成型苗の場合] 市販の培養土などを詰めたセルトレイに2～3粒播種する。本葉が2枚になったら間引きをして、1カ所につき1株とする。苗は本葉が4～7枚になったら植え付ける（図3）。

花芽分化させないため（→p.78「花芽分化と発達」参照）、植え付けは外気温が10℃以上のときに行ない、寒さが来る前に大きく育てるとよい❶。株間の目安は直まきと同じく45～60cmである。

基本的特性

温度	発芽適温 20 ～ 25℃／生育適温 13 ～ 20℃ 生育前半の適温は 18 ～ 20℃だが、結球期は 15 ～ 16℃が適温となる。
光	弱光にも耐えるが、結球期には多くの光を必要とする。
水	乾燥に強い。台風や長雨で病害が増える。
土	土壌の適応性は広い。耕土が深く、排水の良い土では葉球が充実する。土壌pH6.0 ～ 6.5

国内生産量と1人当たりの購入量

年	国内生産量（t）	1人当たりの年間購入量（g）
2021	89万9900	2922
2020	89万2300	2905
2019	87万4800	2686
2018	88万9900	2624

追肥

　植え付け後、3 ～ 4週間ごとに除草・中耕を兼ねて追肥を行なう。1回の施肥量の目安は化成肥料30g/㎡。直接根に肥料が当たると根が傷みやすいので、追肥は株元を避け、1回目は畝の肩あたり、2回目以降はさらにその外側へ施すようにする（図4）。

病害の防除

　高温や多湿、窒素過多のときに軟腐病（→p.82「おもな病害と対策」参照）が発生し、植物の地際部に病斑ができ、やがて全体が軟化・腐敗する。連作を避け、土壌の排水性を良くするほか、抵抗性品種の利用も効果的である。また、発病してしまった株は早めに取り除く。

収穫と保存

　種まきから収穫までの日数は、品種によっても異なるが、およそ60 ～ 80日である。収穫時期を判断するには上部を軽く押さえ、しっかりと締まっている状態であることを確認する。外側の葉や傷んだ葉は取り除き、腐敗を防ぐために切り口をよく乾かす。

　収穫後は、冬場であれば新聞紙に包み、日の当たらない場所に立てかけておく。それ以外の時期やカットしたものはラップで包んで、冷蔵庫に立てかけて保存するとよい。

図3　ハクサイのセル成形苗
（写真提供：農研機構野菜花き研究部門）

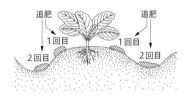

図4　追肥の施し方
（資料：実教出版「野菜」）

ハクサイの来歴

　ハクサイは原産地である中国を中心に、栽培と改良が進められてきた野菜である。本格的に日本へ導入されたのは、比較的新しく1875年とされている。その後の日清戦争、日露戦争において、大陸で大きく結球するハクサイを食べた当時の日本兵がこれを気に入り、栽培が促進されるきっかけとなった。しかし、交雑性の高いハクサイは、日本で純粋な種子を採種することが難しかった。その後、明治末期から大正にかけて、愛知県で結球ハクサイの育種・栽培に成功し、また宮城県では、松島湾の離島で隔離栽培をすることによってハクサイの採種に成功した。昭和に入り、石川県でも育種が成功したことにより、日本での栽培が本格的に広まっていった。

ブロッコリー

作物の基本情報

葉茎菜類・アブラナ科
原産地 | 地中海沿岸から北海沿岸
おもな生産地 | 北海道・埼玉県・愛知県
（2021年産）

栽培カレンダー

1月	2月	3月	4月	5月	6月	7月	8月	9月	10月	11月	12月

夏まき ○━○━□━━━━━

○━━━□━□━━━ 冬まき

○ 種まき期間　□ 定植　■ 収穫

おもな病害虫

病気 | べと病、軟腐病、苗立ち枯れ病
害虫 | アブラムシ類、ハスモンヨトウ、アオムシ

図1　頂花蕾（上）と側花蕾（下）
（資料：農文協「野菜」）

**図2　側花蕾型の一種
「スティックセニョール」**
中国で改良されたキャベツの仲間である
カイラン（結球せず若い茎や花蕾を食用
とする）とブロッコリーの交配でできた
品種である。

品種とその特徴

　ブロッコリーは、花蕾（花の蕾が集まった部分）を食用とする野菜である。品種は少なく、花の収穫する場所の違いによって分かれている程度である。茎の頭にできた花蕾だけを収穫する頂花蕾型、次々と育つわき芽の先端にできる花蕾を主として収穫する側花蕾型、両方を収穫する頂花蕾・側花蕾兼用型がある（図1）。

　現在一般的に販売されているのは頂花蕾型である。側花蕾型のなかには、茎の長さが15～20cmで細長い形となり、茎がやわらかいことが特徴の茎ブロッコリー「スティックセニョール」などがある（図2）。

栽培の手順

畑の準備

　基肥の目安は堆肥2kg／㎡、化成肥料80g／㎡である。苦土石灰をおよそ100g／㎡施し、土のpHが6.0～6.5になるよう調節する。基肥は定植の10日前までに施し、よく耕しておく。畝幅は60～70cmとする。

種まき・間引き

　セルトレイ（→p.96〈育苗する野菜と育苗技術の開発〉の項参照）に2～3粒ずつ播種し覆土したあと、手のひらでしっかり土を押さえてから灌水する。本葉が2枚になったら、良い苗を1つ残して間引きをする。

　苗を購入する場合は、葉の緑色が濃く節間がつまったものを選ぶ（良い苗の条件は→p.96〈育苗管理〉の項参照）。

定植・追肥

　本葉5～7枚（セル成型苗の場合本葉3～4枚）になったら定植する。株間は40cmを目安に植え付ける。

　植え付けの3週間後、追肥とともに中耕・土寄せを行なう。追肥は化成肥料40g／㎡を目安に施し、頂花蕾がみえる頃までに終

基本的特性

温度	発芽適温20〜25℃／生育適温18〜20℃ 花蕾の形成・発育には冷涼な気候が適しており、早生品種では15〜20℃、中・晩生品種では10〜15℃である。
光	成長には十分な光を必要とする。
水	根は浅いが吸水力が強く、乾燥には比較的強い。
土	酸性に弱く、pH6.0〜6.5が適する。

国内生産量と1人当たりの購入量

年	国内生産量（t）	1人当たりの 年間購入量（g）
2021	17万1600	1693
2020	17万4500	1657
2019	16万9500	1592
2018	15万3800	1366

えるようにする。

花芽分化と花蕾の発育障害

　ブロッコリーは低温に感応して花芽を分化する緑植物感応型（→p.78〈花芽分化とその要因〉の項参照）の野菜で、生育中の極端な低温や高温によって次のような花蕾の発育障害が起きやすい。
・**ボトニング**　苗が小さいうちに低温にあい、花蕾が小さいままとなる障害である。
・**リーフィーヘッド**　花蕾の発育中に高温（30℃以上）に連続してあうと、花蕾の間に小さな葉ができることがある（図3）。

図3　リーフィーヘッド
（写真提供：北海道立総合研究機構上川農業試験場）

収穫と保存

　頂花蕾型は花蕾の直径が12〜15cmくらいとなったら収穫の目安である。小花がきっちりとしまり、開花しないうちに収穫する。収穫は、花蕾の下に花茎を10〜15cmつけて切り取る。収穫後は、花蕾をカバーしながら出荷作業がしやすいように葉を切り取るなどの調整を行なう。保存の際は、すぐにポリ袋（できれば鮮度保持袋❶）に入れ、冷蔵庫で立てておくとよい。黄色く変色しやすいので、なるべく早く食べきるようにする。

　わき芽の長期収穫　頂花蕾を早めに収穫し、わき芽にできる側花蕾を収穫する。その際は元から切らずに、下に2〜3芽残しておく。数日経つと残した芽が育ち、そのわき芽も収穫することができる。追肥として液肥を2週間に1回施すようにする。

❶老化促進ホルモンであるエチレンガスを吸着透過させる大谷石の粉末を混入したポリエチレン製の袋。

ブロッコリーを「オトリ」作物として活用

　ナスの半身萎凋病対策は、土壌消毒が一般的だが、ブロッコリーとの輪作によって抑えるという方法がある。やり方は、ナスの半身萎凋病が発生した畑で翌年ブロッコリーを栽培し、花蕾を収穫したあとの残渣を畑にすき込んで再びナスを植える方法である。半身萎凋病の菌は、植物の根から感染して地上部の葉で増殖し、落葉とともに土壌中に戻るというサイクルを繰り返している。この菌は、アブラナ科作物にも感染するのだが、ブロッコリーの場合、菌が根から侵入しても地上部に移行できないようである。そのためブロッコリーには、菌を侵入させつつ増殖を抑え、土壌中の菌密度を下げるという「オトリ」のような働きがあると考えられている。

ホウレンソウ

作物の基本情報

葉茎菜類・ヒユ科
原産地｜イラン（西南アジア）
おもな生産地｜群馬県・埼玉県・千葉県
（2021年産）

栽培カレンダー

1月	2月	3月	4月	5月	6月	7月	8月	9月	10月	11月	12月

春まき ○───○
秋まき ○───○

○ 種まき期間　■ 収穫

おもな病害虫

病気｜苗立ち枯れ病、べと病、萎凋病、炭そ病
害虫｜アブラムシ類、コナダニ類、ハスモンヨトウ

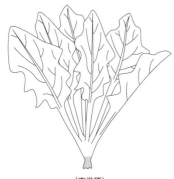

〈東洋種〉

〈西洋種〉

図1　西洋種と東洋種の形状

品種とその特徴

　ホウレンソウの種類は、大きく東洋種と西洋種に分かれている（図1）。東洋種の種子には角があり、生育した葉は切れ込みが深く、根元は赤くて味が良い。西洋種の種子は丸みを帯びており、生育した葉は切れ込みが浅めで、丸みのある形をしている。味は東洋種に劣るが、とう立ち（→p.78〈花芽分化とその要因〉の項参照）しにくい特徴がある。

　現在市場に出回っている多くの品種は、東洋種と西洋種を交配したもので、とう立ちしにくく味も良い。近年では、生食用に改良された品種である「サラダホウレンソウ」が出回っている。

栽培の手順

畑の準備

　酸性を嫌うため、種まきの2週間前までに1㎡当たり堆肥2kgのほか、苦土石灰200gを施し、よく耕す。

　種まきの1週間前には、化成肥料150g/㎡を施し、よく耕したあと、標準幅の畝（70cm）を少し高めにつくる。

とう立ち

　ホウレンソウは長日条件によって花芽分化し、とう立ちする。春まき栽培では生育期が長日になるため、日長に鈍感な西洋種や西洋種と東洋種の交配品種が栽培に適している。また、街路灯の光でとう立ちすることもあるので、街路灯の直下や光が特に強い場所では、栽培を避けた方がよい。

種まき

　細根が少ないので種子は直まきにする。条間30cmのすじまきにするが、1cm間隔で播種しておくと間引きがしやすい（図2）。種子は固い果皮で守られているため吸水が悪く、そのままでは発芽しにくい。一晩水に浸けて発根させてから播種する方法もあるが、最近では発芽しやすくするために、果皮を取り除くなどの処

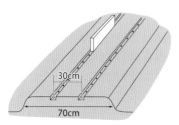

30cm
70cm

図2　畝形と種まき

基本的特性

温度	発芽適温15 ～ 20℃ 生育適温15 ～ 20℃ 耐寒性があるが、夏の暑さに弱い。
光	長日高温でとう立ちしやすい。
水	過湿、乾燥を嫌う。
土	酸性土を嫌う。pH6.5 ～ 7.0が適する。

国内生産量と1人当たりの購入量

年	国内生産量（t）	1人当たりの 年間購入量（g）
2021	21万　500	1030
2020	21万3900	1014
2019	21万7800	914
2018	22万8300	1021

理がしてある種子も発売されている。

間引き・追肥・土寄せ

[1回目の間引き] 発芽から1 ～ 2週間が過ぎ、本葉が1 ～ 2枚に
なったら行なう。生育が悪い苗を間引きし、苗同士の間隔が2 ～
3cmになるようにする。残す苗が抜けないように、株元の土を手
で押さえながら間引くとよい。

[2回目の間引き] 1回目から1 ～ 2週間が過ぎ、本葉が3 ～ 4枚
出て草丈が5 ～ 7cmになったら、間隔が4 ～ 6cmになるように間
引く。化成肥料20g/㎡を条間に施し、土と混ぜながら株元に土
を寄せて株を安定させる。

[3回目の間引き] 2回目から1 ～ 2週間が過ぎて草丈が8cmほど
になったら、間隔が8 ～ 12cmになるように間引く。化成肥料
20g/㎡を2回目の追肥場所とずらして施し、株元に土を寄せて株
を安定させる。

収穫と保存

収穫は20cmを超えたものから順に行なう。秋まきの場合は、
収穫期に4℃以下の気温に7 ～ 14日さらすと糖度が高まり、甘味
が増す。また、ピンク色をしたホウレンソウの株元部分は糖質が
多く、甘味が強くて栄養価も高い❶。

収穫後は、乾燥しないように濡らした新聞紙に包んで鮮度保持
袋に入れ、根を下にして冷蔵庫で保存するとよい。

❶株元のピンク色はベタシアニンという
色素成分で、抗酸化作用のあるポリフェ
ノールの一種。また、骨の形成や代謝
にかかわるミネラル（マンガン）も多く
含まれている。

寒締めホウレンソウ

ホウレンソウは低温を好む野菜で、強い寒さにさらされたとき、身を守るた
めに体内の糖度を高める性質がある。この性質を利用して栽培されているのが
「寒締めホウレンソウ」（図3）で、東北農業研究センターで栽培技術が開発され、
農家に普及されていった。「寒締めホウレンソウ」は、通常のホウレンソウと異
なり、葉が地面をはうように横に広がった姿をしている。このように地際部分
で、ごく短い茎から葉が放射状に出ている状態を「ロゼット」という。ロゼッ
ト葉は越年草でよくみられ、冬の寒さに対応するための形だと考えられている。

図3　寒締めホウレンソウ

カボチャ

作物の基本情報

果菜類・ウリ科
原産地｜南アメリカの熱帯地方、北アメリカ（ペポ種）
おもな生産地｜北海道・鹿児島県・長野県
（2021年産）

栽培カレンダー

1月	2月	3月	4月	5月	6月	7月	8月	9月	10月	11月	12月

□ 定植　　■ 収穫

おもな病害虫

病気｜うどんこ病、べと病
害虫｜アブラムシ類、ダニ類、ウリバエ

〈日本カボチャ〉　〈西洋カボチャ〉

〈ペポカボチャ〉

図1　カボチャの種類

品種とその特徴

　カボチャには大きく「日本カボチャ」「西洋カボチャ」「ペポカボチャ」の3種類があり（図1）、最も多く栽培されているのは西洋カボチャである。西洋カボチャは粉質でホクホクした食感と強い甘味が特徴で、一般的に流通している。日本カボチャは、ねっとりとした食感が特徴で煮物に向き、果皮の表面がゴツゴツした「ちりめんカボチャ」や、ひょうたん形をした京都特産の「鹿ヶ谷カボチャ」等ユニークな在来品種がある。ペポカボチャのなかには「金糸うり」と呼ばれる、中が素麺状に剥離する「ソーメンカボチャ」や「ズッキーニ」などがある。

栽培の手順

畑の準備

　定植の2週間前までに幅2mの畝をつくり、堆肥2kg/㎡、苦土石灰100g/㎡を施し、一度耕しておく。定植1週間前までに化成肥料100g/㎡を施し、よく耕す。カボチャのツルは3〜5m伸びるので、畝と畝の間には空間を十分に確保しておく。

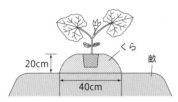

くら
20cm
畝
40cm

図2　くらとカボチャの定植方法

苗の購入

　良い苗の条件はp.118のトマトの項を参照。栽培する品種の性質を確認しておく。

定植・防寒・防虫

　西洋カボチャは、生育適温は20〜25℃で、乾燥した気候を好む。定植する畝は、表面に日が当たるように南側に少し傾斜させるか、定植する場所（株間90cm）に直径40cm、高さ20cm程度土を盛り上げたくらをつくり地温を上げる。またこのくらには過湿を防ぐ効果もあり、ここに本葉4〜5枚の苗を植え付ける（図2）。発育初期の防寒、防風、防虫が重要で、植え付け後に不織布や空き袋をかぶせておく方法や、行灯で囲む方法（図3）が有効である。

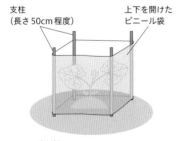

支柱
（長さ50cm程度）

上下を開けたビニール袋

図3　行灯で囲み保温

基本的特性

温度	発芽適温 25 ～ 30℃ 生育適温 20 ～ 25℃
光	強い光と日照を好む。
水	乾燥に強い。過湿は病気のもととなる。
土	土壌を選ばない。連作ができる。 pH5.6 ～ 6.8が適する。

国内生産量と1人当たりの購入量

年	国内生産量 (t)	1人当たりの 年間購入量 (g)
2021	17万4300	1387
2020	18万6600	1411
2019	18万5600	1381
2018	15万9300	1293

整枝・誘引・追肥

　品種ごとに異なるが、一例として親ヅルを本葉5枚くらいで摘芯し、伸びてきた子ヅルのうち勢いの良い3本を育て、ほかの子ヅルは取り除く。この3本に着果させ、日当たりが悪くならないよう、それぞれのツルは30cm以上あけるように誘引する（図4）。

　1回目の追肥は、ツルが40 ～ 50cm伸びたらツルの先端の少し先に化成肥料を30g/㎡施す。2回目は果実が着果したら、同じようにツルの先端の少し先に、1回目と同量の化成肥料を施す。

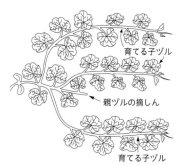

図4　カボチャの誘引

人工授粉

　ミツバチ交配を基本とするが、確実に結実させるため、人の手によって授粉させる。カボチャの花は雌雄異花なので、雄花の雄しべを取り、雌花の雌しべに花粉をすりつける（図5）。雄花の開花適温は10 ～ 12℃で、花が咲いた日の朝9時頃までに行なう。

収穫と保存（追熟）

　西洋カボチャは開花後40 ～ 50日で収穫期となる。果実が十分な大きさになり、ヘタ（果梗）部分が茶色っぽく縦にヒビ割れてコルク化し、果皮のツヤがなくなるのが収穫の合図となる。

　収穫後、風通しの良い日陰に2週間以上置いておくと、果肉の糖度が上がる。ヘタの切り口がふさがり乾燥すると食べ頃になる。

　風通しの良い日陰で1 ～ 2カ月は保存が可能である。

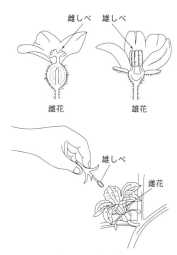

図5　カボチャの人工授粉

（資料：実教出版「野菜」）

カボチャの果実管理

　果実の形を整えて表面を均一に着色させるため、収穫の7 ～ 10日ほど前から果実をまっすぐに置き直す、「玉直し」という作業を行なう。果実が直接土に触れると、その部分が傷みやすいので、発泡スチロールを果実の下に敷くと汚れや傷みを防ぐことができる。また、カボチャの収穫は日差しの強い夏場となるが、果実に直射日光が当たると日焼けや、それにともなう腐敗果が発生しやすくなる。葉が枯れると直射日光が当たりやすくなるので、うどんこ病などの病気の防除対策が必要となる。日差しが特に強くなってきたら、新聞紙やわらでカボチャの上部に覆いをするのも有効である。ただし、果実の色が薄いうちに覆いをすると着色不良になるので、覆いは色が濃くなってから行なうようにする。

キュウリ

作物の基本情報

果菜類・ウリ科
原産地 | インドのヒマラヤ山麓
おもな生産地 | 宮崎県・群馬県・埼玉県
（2021年産）

栽培カレンダー

1月	2月	3月	4月	5月	6月	7月	8月	9月	10月	11月	12月

□ 定植　　■ 収穫

おもな病害虫

病気 | うどんこ病、べと病、炭そ病、ツル割れ病
害虫 | ウリバエ類、アブラムシ類、ハダニ類

（写真提供：矢郷桃）

図1　白いぼキュウリ（上）と黒いぼキュウリ（下）「馬込半白きゅうり」

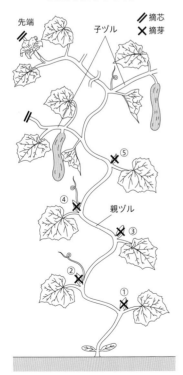

図2　キュウリの摘芽および摘芯

品種とその特徴

　キュウリの種類は、白いぼキュウリと黒いぼキュウリに大きく分かれている。白いぼキュウリは、皮が薄く果肉がみずみずしいのが特徴で、歯切れが良く、日本で流通している品種の大半がこの種類である。黒いぼキュウリは、皮が厚く味が濃いのが特徴だが、現在の生産はわずかとなっている。その中には、昔からその土地でつくられ、今では江戸東京野菜として知られる「馬込半白きゅうり」などの在来品種もある（図1）。

栽培の手順

畑の準備

　標準幅の畝をつくり、定植2週間前までに堆肥4kg/㎡、苦土石灰100g/㎡を施し、1週間後に化成肥料150g/㎡を施して良く耕しておく。マルチングは定植の1〜2週間前に行なうと、地温が高まり根付きが良くなる。

苗の購入・定植

　直まきもできるが購入苗の場合、ツル割れ病と疫病に耐性のあるカボチャ台木の接ぎ木苗を選ぶとよい。本葉3〜4枚程度になったら定植を行なう。植え穴にたっぷりと灌水しておき、根鉢の表面が埋まらない程度に、やや浅植えにする。

誘引・摘芽・摘芯

　キュウリのツルは、できるだけまっすぐ伸びるように支柱やネットに誘引する。主茎を親ヅル、側枝を子ヅルといい、果実は両方のツルになる。親ヅルを垂直に伸ばし、5節以下の子ヅルは、風通しをよくするために全て摘み取り、6節以上から発生する子ヅルを伸ばす（図2）。子ヅルは葉を2枚残して先端を摘芯する。親ヅルは、支柱の先まで伸びたら先端を摘芯する。

基本的特性

温度	発芽適温 25 〜 30℃ 生育適温 23 〜 28℃
光	日当たりを好む。
水	根が浅く、乾燥には弱いので水分は欠かせない。
土	浅根性で酸素要求量はきわめて大きい。多肥と弱酸性を好む。土壌pH6.0 〜 6.5

国内生産量と1人当たりの購入量

年	国内生産量（t）	1人当たりの 年間購入量（g）
2021	55万1300	2705
2020	53万9200	2696
2019	54万8100	2591
2018	55万0000	2583

結果習性

　キュウリの花は雌花、雄花（図3）の単性花に分かれていて（雌雄異花）、同じ株に雄花と雌花が着く（雌雄同株）。受粉しなくても実が肥大する性質「単為結果性」をもつ（→p.79〈結実〉の項参照）。

追肥・灌水

　果実が収穫できるようになったら追肥を始め、その後は7 〜 10日を目安に追肥を行なう。化成肥料の場合は1回に40g/㎡くらいを施す。液肥の場合は、規定濃度に希釈して使用する。キュウリの葉面積はほかの野菜に比べて大きいため蒸散量も多く、その分灌水量も必要となる。梅雨明け後の高温時は特にたっぷりと灌水する。

病害の防除

　葉の表面に白い粉を振ったようになる、うどんこ病（図4）（→p.82「おもな病害と対策」参照）がよく発生する。密植させずに風通しを良くし、追肥や灌水を適宜行なう。発生した葉や、全体に被害が及んだ株は取り除き廃棄する。

収穫と保存

　果実の長さが15 〜 20cmになったら収穫適期で、早めに収穫し、株の負担を減らす。果実は急速に大きくなるので、取り遅れに注意。収穫後は水分を拭き取り、ポリ袋に入れて冷蔵庫に保存する。

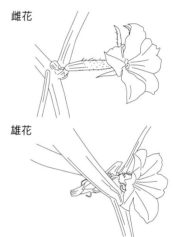

雌花

雄花

図3　雌花と雄花

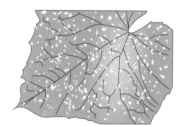

図4　うどんこ病の葉

キュウリのブルーム

　キュウリの果実には、水分の蒸発を防ぐ働きがある「ブルーム」と呼ばれる白い粉がつく。ブルームの主成分はケイ酸・糖類・カルシウムで、キュウリのほか、ブドウなどの表面にもついている。現在では、ブルームのないキュウリ（ブルームレスキュウリ）が主流となっている。ブルームレスキュウリは、接ぎ木苗を用いて栽培されており、ブルームのあるキュウリと比較すると、果皮に厚みと光沢があるのが特徴である。この違いは、キュウリの品種によるものではなく、台木に使うカボチャの品種によるものである。ブルームレス用のカボチャ台木は、ブルームの主成分であるケイ酸の吸収が少なく、そのためキュウリの果実にブルームが出なくなるのである。

スイートコーン

作物の基本情報

果菜類・イネ科
原産地｜メキシコ高原、ボリビアなど
おもな生産地｜北海道・千葉県・茨城県
（2021年産）

栽培カレンダー

1月	2月	3月	4月	5月	6月	7月	8月	9月	10月	11月	12月

マルチ栽培 ○─○━━━

普通栽培　○─○━━━━

○ 種まき期間　　■ 収穫

おもな病害虫

病気｜苗立ち枯れ病、すす紋病、黒穂病
害虫｜アブラムシ類、アワノメイガ

収穫適期の
絹糸の状態

図1　「スイートコーン」（上）と「ヤングコーン」（下）

図2　果粒とつながる絹糸

品種とその特徴

　イネ、ムギと並ぶ主要穀物のトウモロコシだが、青果用のほかに飼料用やデンプン・油の原料用、菓子用としても使われている。用途ごとに適した種類があり、飼料用の「デントコーン」は収量が多く、飼料として重要なデンプン含量も多い。また、菓子用の「ポップコーン」は加熱するとはじける特性がある。青果用にしている甘味種が「スイートコーン」（図1）で、小さいうちに収穫して販売されているのが「ヤングコーン」「ベビーコーン」（図1）と呼ばれ、サラダ用などに人気が高い。

栽培の手順

畑の準備

　生育期間が約3カ月と短いが吸肥力が強く、生育が早いので肥料を多く施す。基肥の目安は堆肥2kg／㎡、苦土石灰100g/㎡、化成肥料を目安として窒素、リン酸、カリウムをそれぞれ15～20g/㎡を施し、畑をよく耕しておく。

種まき・定植

　スイートコーンは、直まき栽培と移植栽培のどちらでも可能である。畝幅100cm、条間45～50cmの2条植えとし、株間25～30cmで点まきを行なう。種まきは深さ2～3cmで1カ所に2～3粒ずつまき、覆土する。

間引き・中耕・土寄せ・追肥

　葉が2～3枚の頃に間引きをして1カ所1株とする。中耕・土寄せは雄穂が分化し始める時期（種まき後40日頃）までに、根を切ったり葉を傷めたりしないように注意して行なう。追肥は1回目が本葉6～8枚、2回目は雄穂が出始めた頃に、チッソ成分4～5g/1㎡の速効性肥料を施す。

▌基本的特性

温度	発芽適温 25 〜 30℃／生育適温 22 〜 30℃ 高温での光合成能力が高く、根の発育にも高い地温が必要である。
光	強い光を好む。
水	絹糸が出てから収穫までは果実が充実する時期なので、十分な灌水が必要である。
土	通気性・排水性のよい壌土が適する。 土壌pH6.0 〜 6.5

▌国内生産量と1人当たりの購入量

年	国内生産量 (t)	1人当たりの 年間購入量 (g)
2021	21万8800	※総務省の家計調査年報のデータがないため、1人当たりの年間購入量は不明
2020	23万4700	
2019	23万9000	
2018	21万7600	

雄穂、雌穂の形成と受粉

　スイートコーンは茎の頭に雄穂（雄花の集まり）が分化し、続いて、わき芽が雌穂（雌花の集まり）へと分化する。雄穂が出てから3〜4日後には、雌穂の先からひげのような雌しべ（絹糸）が出る。絹糸1本が果粒ひとつに対応しており（図2）、雄穂の花粉が風によって絹糸に受粉することで実が形づくられていく。雌穂は一株に数本発生する（図3）。

　1条植えでは受粉しにくいので、受粉を確実にするために、同じ品種を隣接させて2条以上植えるとよい。

分げつ・除房・病害虫

　株元付近に出る分げつは、光合成により十分な養分が生産されるので残す。また、絹糸が見え始めた頃、何本か出る雌穂の中で生育の良い雌穂1本を残してほかは取り除き（除房）❶、養分を集中させて高品質をめざす。

　病害虫の被害は、おもにアブラムシとアワノメイガ（図4）の害が大きく、アワノメイガには雄花（雄穂）切り❷を行なう。

収穫と保存

　絹糸がしおれて茶色くなる（図1上の○部分）受粉後20〜23日が収穫適期である。遅れるとデンプンが多くなり食味が低下する。甘味が増す早朝に収穫する。収穫後は、時間が経つとともに糖度が下がるので、その日のうちに食べることが好ましい。保存する場合は、茹でてからにすると糖度の低下を抑えられる。

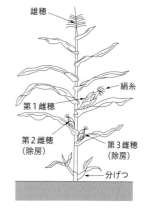

図3　スイートコーンの受粉期の姿

（雄穂、絹糸、第1雌穂、第2雌穂（除房）、第3雌穂（除房）、分げつ）

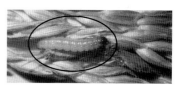

図4　アワノメイガの幼虫

（写真提供：木村裕）

❶除房したものをヤングコーンとして利用する。
❷アワノメイガは雄穂の花粉に引き寄せられる習性があるため、咲き終えた雄花を切り取って幼虫の移動を抑える。

キセニア現象

　トウモロコシでは、雌穂が異なる品種の花粉を受粉した場合、花粉親の特徴が果粒に現れることがある。これを「キセニア現象」という。1つの穂にたくさんの雌花がつく構造のトウモロコシは1粒単位で起きる。この現象を利用し、白色種子のトウモロコシ近辺に、赤、紫、黄など違った色素遺伝子をもつトウモロコシを配置すると、赤、紫、黄などの種子が混在するカラフルなトウモロコシができあがる。

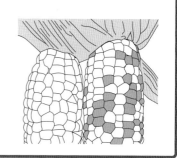

トマト

作物の基本情報

果菜類・ナス科
原産地｜南米アンデス高地
おもな生産地｜熊本県・北海道・愛知県
　　　　　　　（2021年産）

栽培カレンダー

1月	2月	3月	4月	5月	6月	7月	8月	9月	10月	11月	12月

□定植　■収穫

おもな病害虫

病気｜葉カビ病、疫病、灰色カビ病
害虫｜アブラムシ類、コナジラミ類、オオタバコガの幼虫

図1　良い苗の姿
［良い苗の条件］
・葉が濃い緑色
・節間がつまっている
・下の方の葉が枯れていない
・根元がぐらついていない
・茎ががっちりとしてまっすぐ伸びている
・病気や害虫の被害がない

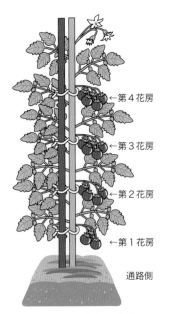

←第4花房
←第3花房
←第2花房
←第1花房
通路側

図2　トマトの花房の向き

品種とその特徴

　トマトは果皮の色により、ピンク系と赤系、そして黄色系に大別される。また果実の大きさから、大玉トマト、ミディ（中玉）トマト、ミニトマトなどと分けられてもいる。プチトマトと呼ばれる小玉トマトもあったが、これはミニトマトの先駆となる品種の商品名で、現在は販売されていない。利用の面からは、生食用、加工・調理用に分けられる。

　生食用として最も流通しているのがピンク系の大玉トマトで、なかでも「桃太郎」シリーズの品種がトップのシェアを維持している。加工・調理用には、甘味と酸味の両方が強い赤系や黄色系が使われることが多い。店頭などで見かける機会が増えたフルーツトマトは特定の品種ではなく、灌水を抑えるなどの特別な栽培で甘味を強くしたトマトの総称である。

　トマトの生育期間は比較的長く、適切な栽培をすることで秋ごろまで収穫することができる。

栽培の手順

畑と苗の準備

　標準幅の畝（70cm）をつくり、定植2週間前までに堆肥4kg/㎡、苦土石灰100g/㎡を施し、1週間後に化成肥料100g/㎡を施して、よく耕しておく。この作業は定植の1週間前に終えておく。マルチングを定植の1～2週間前に行って地温を高めておくと、定植してからの根付きが良くなる。

　少量の栽培ならば、苗を購入して育てるのがよい。病気に耐性のある接ぎ木苗（→p.82「おもな病害と対策」参照）も活用する（図1）。

定植

　定植は、最初の蕾が開きかけた頃に行なう。時期は遅霜の心配がなくなる5月上旬が適している。苗や植え穴にもたっぷりと灌水する。株間は40～50cmとし、根鉢の表面が埋まらない程度に

基本的特性

温度	発芽適温25〜30℃／生育適温25〜30℃ 35℃以上では着果、結実が悪くなる
光	日当たりを好み、豊富な日射量が必要。
水	過湿を嫌い、排水の良いところを好む。
土	土壌の適応幅は広いが、連作障害がでやすい。好適土壌pHは6.0〜7.0

国内生産量と1人当たりの購入量

年	国内生産量（t）	1人当たりの 年間購入量（g）
2021	72万5200	4084
2020	70万6000	3971
2019	72万 600	3991
2018	72万4200	3984

浅植えにし、発根を早めると同時に根張りを良くする。トマトは同じ向きに花をつけるので、蕾を通路側に向けて植えると収穫が楽になる（図2）（下記「トマトの着花習性」参照）。

追肥

　果実の肥大と茎葉の伸長が同時に進むので、肥料を切らさないように追肥する。3段目の花が開いた頃に化成肥料を20g/㎡施す。その後は2〜3週に1回、生育を見ながら同量の追肥を施す。

摘芽・摘芯・誘引

　実のつきや肥大を良くするための摘芽（→p.98「栽培管理②」参照）の作業は、わき芽ができるだけ小さいうちに行なうようにする。

　トマトは主茎の先端の新芽で葉と茎がつくられ上に伸びていく。倒れないように支柱を立てて、誘引（→p.98「栽培管理②」参照）しながら育てる（図3）。手が届かなくなるほど伸びたときには摘芯（→p.98「栽培管理②」参照）を行ない、主茎の伸長を止める（図4）。

受粉と収穫・保存

　真夏日が続くと媒介昆虫の活動が低下し、受粉しにくくなる。花粉を飛散させて受粉を助けるために、支柱を叩いて茎を揺らすようにする。ヘタのつけ根まで赤く果皮が色づいたら収穫する。収穫は養分の詰まった朝の涼しいうちに行なうとよい。収穫後は、ポリ袋に入れて冷蔵庫で保存する。

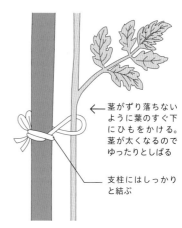

茎がずり落ちないように葉のすぐ下にひもをかける。茎が太くなるのでゆったりとしばる

支柱にはしっかりと結ぶ

図3　誘引作業

摘芯
主茎の先端を切り取る

わき芽
これを取り除くことを摘芽という

図4　摘芯・摘芽作業

トマトの着花習性

　植物の生育は、一定の規則に沿って進むものも多く、トマトの着花もそのひとつである。多くのトマトでは、最初の花は本葉7〜10枚目頃の節の間に咲く。花は1ヵ所に複数の花がまとまって咲くため、その全体を花房と呼んでいる。最初の花房を第1花房といい、2番目を第2花房、次を第3花房という。1つの花房の上には、およそ90度ずつずれて3枚の本葉がつき、さらにその上に90度ずれて次の花房がつく。その結果、花房がつく位置はいつも同じ向きとなる。

ナス

作物の基本情報

果菜類・ナス科
原産地｜インド東部
おもな生産地｜高知県・熊本県・群馬県
（2021年産）

■ おもな病害虫

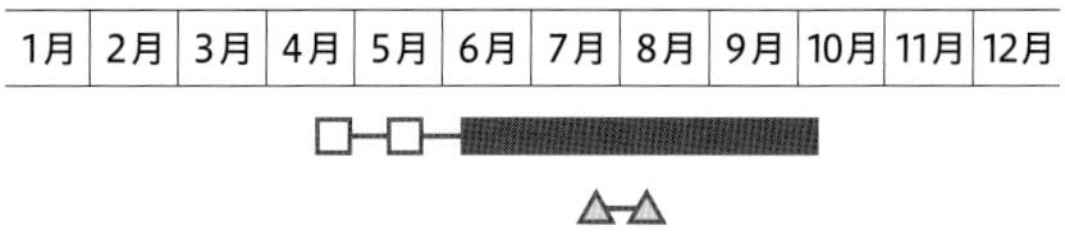

病気｜半枯れ病、青枯れ病、半身萎凋病
害虫｜アブラムシ類、ヨトウムシ類、ハダニ類

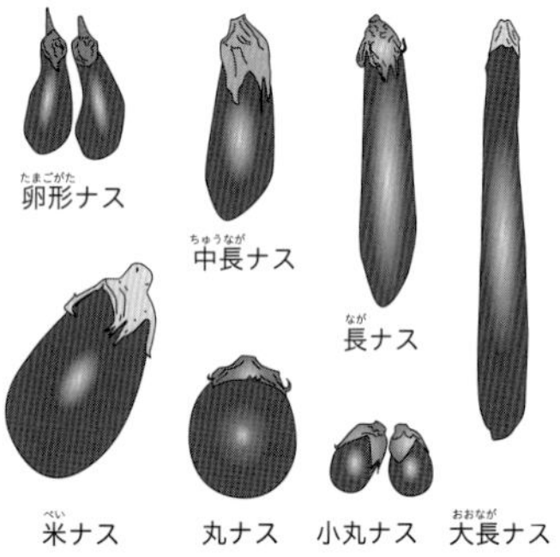

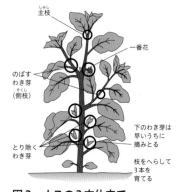

図1　ナスの種類
（資料：農林水産省ホームページ　ナス「こんなにいろいろあるんだ！」）

品種とその特徴

　ナスは果実の大きさや形によって、卵形ナス、中長ナス（12〜15cm）、長ナス（20cm前後）、大長ナス（30〜40cm）、丸ナスや小丸ナスなどに分けられる。現在は、栽培が容易で味にくせがない長卵形ナスの「千両二号」が流通の中心となり、全国的に栽培されている。また、地域に根付いた在来品種も多く、東北と関西以西で「長ナス」、九州の「大長ナス」、京都の丸ナスの一種「賀茂ナス」、大阪泉州地域の「水ナス」などがある（図1）。

栽培の手順

畑の準備

　定植2週間前までに堆肥4kg／㎡、苦土石灰100g／㎡を施し耕す。その1週間後に化成肥料を150g/㎡を施し、よく耕しておく。根が深く伸びるので、耕す深さは30〜40㎝を目安にする。マルチングを定植の1〜2週間前に行なうと地温が上がり、根付きが良くなる。

苗の購入

　良い苗の条件はp.118のトマトの項を参照。病気に強く長期収穫しやすい接ぎ木苗（→p.82「おもな病害と対策」参照）を活用するとよい。

定植

　一番花が開き始めた苗を定植する。苗と植え穴にたっぷりと灌水しておき、株間50〜60㎝で定植する。定植後、強い風で茎が折れないように仮支柱で支える。

整枝・誘引・芽かき

　ナスの一番花の下から出てくるわき芽か、その近辺から出てくるわき芽のうち勢いのよいわき芽2本と、最初に伸びていた主枝の合計3本を伸ばして育てる方法を「3本仕立て」という（図2）。

図2　ナスの3本仕立て
（資料：特選街web「【家庭菜園】ナスの育て方」）

▌基本的特性

温度	発芽適温25～30℃ 生育適温23～30℃
光	生育と果実の着色には十分な光が必要。
水	水分を好み乾燥に弱い。生育には十分な水が必要。
土	有機質に富み、耕土の深い土を好む。 連作障害が出やすい。土壌pH6.0～6.5

▌国内生産量と1人当たりの購入量

年	国内生産量（t）	1人当たりの 年間購入量（g）
2021	29万7700	1520
2020	29万7000	1438
2019	30万1700	1381
2018	30万 400	1381

3本の枝はおよそ120度ずつ開いた方向に伸ばすと、全体に光が入りやすくなり、育ちが良くなる。それぞれの枝に沿って長さ1mほどの支柱をさし、枝を誘引していく。伸ばす3本の枝より下の主枝から出てくるわき芽は、すべて摘み取る。伸ばした3本の枝から出てくるわき芽は放任して、その枝にも果実をつける。

更新剪定

7月下旬～8月上旬に株の若返りを図るため、茂りすぎた3本の枝元に葉を2～3枚残して切る。また、株のまわりにスコップを入れて根を切り、新しい根の発根を促す（図3）。

追肥・灌水

1回目の追肥は、定植して苗が活着した1～2週間後に化成肥料50g/㎡を施す。2回目以降は2週間に1回を目安に、栄養状態を見ながら同量の化成肥料を施す。乾燥すると実が硬くなるので、灌水はたっぷりと行なう。

収穫と保存

開花15～25日後、果実が品種の特性にあった大きさ、長さになったら、へたをはさみで切って収穫する。一、二番果は株の生育を促すために早めに収穫する。その後も若どりを続けると長く収穫できる。収穫後はラップで包み、冷蔵庫の野菜室で保存する。

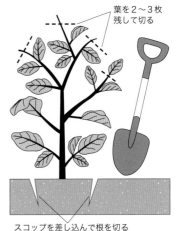

葉を2～3枚残して切る

スコップを差し込んで根を切る

図3　更新剪定

干しナスづくり

たくさん収穫して余ったナスは、干しナスにすると長く保存することができる。作り方は、まず収穫したてのナスを縦に薄く切り、塩水に1時間ほど浸けてアク抜きを行なう。このとき黒い汁が出るので水でよく洗い、天気の良い日に1～3日ほどかけて干す。よく晴れて乾燥した日であれば、1日で干し上がり、色が白いまま仕上がる。干し上がったら袋に入れて口をきちんと縛っておく。秋晴れの日にもう一度干すことによって、虫がつくのを抑えることができる。使う時は、ぬるま湯にしばらく浸して戻してから良く水洗いし、油炒めや煮付けに利用する。

ピーマン

作物の基本情報

果菜類・ナス科
原産地 | 中央・南アメリカの熱帯地方
おもな生産地 | 茨城県・宮崎県・高知県
（2021年産）

栽培カレンダー

1月	2月	3月	4月	5月	6月	7月	8月	9月	10月	11月	12月

□ 定植　　■ 収穫

おもな病害虫

病気 | うどんこ病、疫病、モザイク病
害虫 | アブラムシ類、アザミウマ類、ハダニ類

品種とその特徴

　ピーマンはトウガラシの甘味種を改良したもので、最も一般的なのは、薄肉の中型種を緑色の未熟なまま収穫したものである。薄肉中型種も完熟すると赤色となり、独特の香りがやわらぎ、甘味も強くなる。また、「パプリカ」はピーマンの厚肉大型種のひとつで、果実が立方体に近い「ベル系」と呼ばれるタイプの完熟果である（図1）。色のバリエーションが豊富で、赤や黄色、オレンジのほかに黒や紫色のものもある。

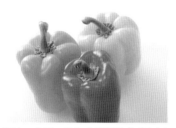

図1　カラフルな大型種「パプリカ」

栽培の手順

畑の準備

　標準幅の畝（70cm）をつくり、定植2週間前までに堆肥4kg／㎡、苦土石灰100g/㎡を施す。その1週間後に化成肥料を100g/㎡施し、よく耕す。この作業は定植予定日の1週間前には終えておく。マルチングは定植の1〜2週間前に行ない、十分に地温を上げておくと根付きがよくなる。

図2　一番花の咲いた定植期の苗

苗の購入

　良い苗の条件はp.118のトマトの項を参照。

定植

　一番花が開き始めた苗を定植する（図2）。植え付け時期は、晩霜の心配がなくなった5月上旬が目安である。定植前には、苗の根鉢に十分水を吸わせる。植え穴にもたっぷりと灌水しておき、株間が50cmになるよう定植する。植える深さは、根鉢の表面が埋まらない程度に、やや浅植えにする（図3）。

着花習性

　ピーマンは、主茎の成長点が花芽分化して一番花となる。一番花の基部（節）からは2〜3本の側枝が出て、葉を1枚つけると、それぞれの成長点が花芽へと分化し、これが二番花となる。その

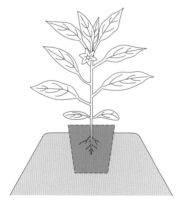

図3　ピーマンの定植方法
やや浅植えにして、軽く押さえる

▌基本的特性

温度	発芽適温 20 〜 30℃ 生育適温 25 〜 30℃
光	ほかの果菜類に比べ、弱い光に耐えられる。
水	根張りが少ないので、乾燥と多湿に弱い。
土	通気性と多肥を好む。水はけと保水が良い有機質を含む土。連作障害が出やすい。好適土壌pH6.0 〜 6.5

▌国内生産量と1人当たりの購入量

年	国内生産量（t）	1人当たりの 年間購入量（g）
2021	14万8500	1047
2020	14万3100	999
2019	14万5700	977
2018	14万 300	981

後も同じように側枝が出て、各節に花芽を次々と分化していくため、枝分かれした部分に果実がつく形となる（図4）。

芽かき・整枝

　一番果が着果したら早めに摘果し、株が弱らないようにする。一番果の基部から出ている2〜3本の側枝を伸ばしていき、その下から出てくるわき芽はすべて取り除く。支柱は伸ばす枝に沿うように立て、枝を誘引する。枝が上を向くと勢いは強くなるが、花はつきにくくなる。逆に枝が横に広がると花はつきやすくなるが、勢いがなくなってくる。ヒモで枝を支え、ヒモの長さを調節することで、枝の角度を調整する。

主枝①と一番花の下にある側枝②③を伸ばす

一番花は摘み取る

ほかのわき芽は摘み取る

図4　ピーマンの着果習性

追肥

　一番花が結実した頃から2週間に1回20〜30g/㎡の化成肥料を畝に施し、土とよく混ぜて株元に土寄せをする。

収穫と保存

　薄肉の中型種の場合は、実の長さが5〜6cmになったら収穫の適期である。早めに収穫し、株を弱らせないようにして、連続した収穫をめざす。実を大きくしてから収穫すると、栄養価は高くなるが株への負担が大きくなる。収穫後は水気をふいてポリ袋に密閉し、冷蔵庫で保存するとよい。

トウガラシとシシトウガラシ

　日本においてトウガラシは、ピーマンより古くから栽培されていた野菜で、江戸時代には盛んに栽培されていた。それに対してピーマンやシシトウガラシ（シシトウ）は、明治時代に入ってから日本に伝わり、第二次世界大戦後に一般に広まった。トウガラシとシシトウは同じ仲間で、トウガラシが辛味種であるのに対し、シシトウは辛味のない甘味種である。しかし、シシトウにも辛味が混じることがあり、これを外見的に区別することは難しい。よくトウガラシの近くでシシトウを栽培するとシシトウに辛味が出ると耳にするが、これは誤りで、土壌の乾燥や栄養不良によって種子数が少なくなったときに辛味が発生すると考えられている。なお、同じ甘味種のピーマンではこのような現象は起こらない。

ダイコン

作物の基本情報

根菜類・アブラナ科

原産地 | 地中海沿岸、西南アジア
おもな生産地 | 千葉県・北海道・青森県
（2021年産）

栽培カレンダー

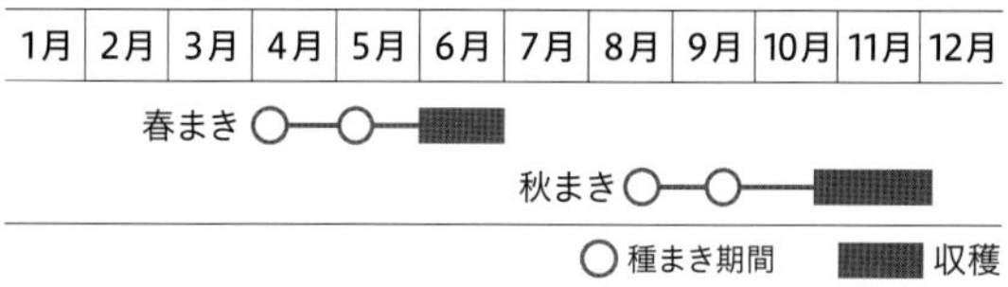

1月	2月	3月	4月	5月	6月	7月	8月	9月	10月	11月	12月

春まき ○─○─■

秋まき ○─○─■

○ 種まき期間　■ 収穫

おもな病害虫

病気 | モザイク病、黒腐病、軟腐病、黒斑細菌病
害虫 | アブラムシ類、アオムシ、ヨトウムシ類

図1　京都市の在来品種「聖護院大根」

品種とその特徴

　現在、流通の主流となっているのは青首大根と白首大根の2つの品種群である。青首大根は、根の上部が緑色となる品種群で、甘くみずみずしいのが特徴である。白首大根は、「三浦大根」や「練馬大根」に代表される品種群で、根がすべて白く、漬物などへの利用が多い。また、ダイコンには全国各地に地大根と呼ばれ、古くから栽培されてきた品種が多い。図1は京都市の地域で栽培されてきた丸い形の「聖護院大根」である。

栽培の手順

畑の準備

　種まきの3週間前までに堆肥2kg／㎡、苦土石灰を100g/㎡施して40cmの深さまで耕しておく。種まき2週間前に化成肥料を150g/㎡施して耕し、2条まきの場合は標準幅の畝（70cm）を準備しておく（1条まきの場合、50〜60cm）。

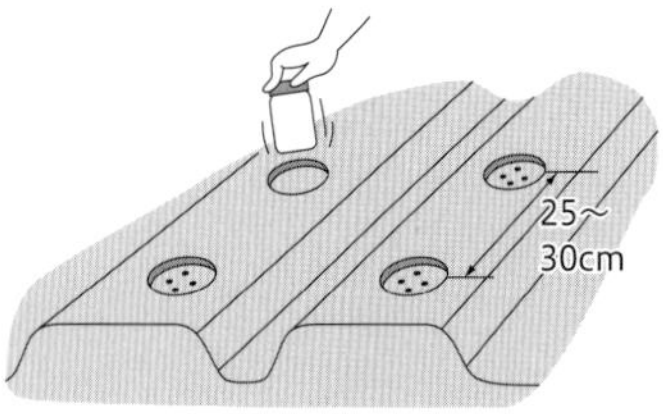

図2　ダイコンの種まき

種まき

　ダイコンのような直根性の野菜は、移植すると根が傷むため直まきで栽培する。株間25〜30cmの点まきとし、1カ所に4〜5粒播種する（図2）。ダイコンの種子は光によって発芽が抑制される嫌光性種子で、1cmを目安に覆土し、種子と土壌が密着するように手やクワで鎮圧する。土が乾燥したら灌水を行なう。

間引き

　最終的に1カ所1本になるまで、3回間引きを行なう。
［1回目］発芽後、子葉の形が悪い株を間引き、3〜4株を残す。
［2回目］本葉が3〜4枚の頃に、生育が良いものを2本残す。
［3回目］本葉が6〜7枚の頃に、一番生育が良いものを1本残す。
　間引くときは、残すダイコンの地際を指で押さえ、間引くダイコンと一緒に抜けないように注意して引き抜く。
　抜いたダイコンは、間引き菜（図3）として料理に利用できる。

図3　ダイコンの間引き菜

基本的特性

温度	発芽適温15～30℃／生育適温15～20℃ 冷涼な気候を好む。耐暑性は弱いが、耐寒性はある。
光	嫌光性種子で、発芽には光が当たらない方がよい。生育期は光を好む。
水	過湿は肥大を妨げ、乾燥は肉質をかたくする。
土	土壌の適応性があり、保水・排水性のある土壌を好む。

国内生産量と1人当たりの購入量

年	国内生産量（t）	1人当たりの 年間購入量（g）
2021	125万1000	3987
2020	125万4000	4186
2019	130万0000	4006
2018	132万8000	3940

害虫の防除

　ダイコンの害虫は多く、2回目の間引きまでは、防虫用のネットをかぶせるとよい。防虫用ネットは通風性もよく、ネットをかけた状態で灌水することもでき、害虫対策には便利な資材である。

中耕・追肥・土寄せ

　間引きの際の土寄せは、倒伏や胚軸（→p.74〈種子のつくり〉の項参照）の曲がりを防ぐために行なう。胚軸部分が隠れるように土寄せする（図4）。苗が成長したら、土への空気を補給するために土の表面を軽く中耕、同時に土寄せを行なう。

　追肥は、3回目の間引きと、その2～3週間後の中耕・土寄せするときの2回を目安に行なう。1回につき、化成肥料30g/㎡を畝の肩の部分に施す（図5）。

収穫と保存

　外側の葉が下に垂れてくるのが収穫の目安で、品種にもよるが、直径が8cm程度になったら収穫の適期である。収穫が遅れると、根の内部がスポンジ状になる「す入り」となるので注意する。収穫後は新聞紙に包み、冷蔵庫に保存する。水分が奪われないように葉は切り落とすとよい。

図4　間引き菜の土寄せ

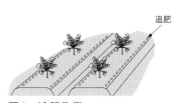

追肥

図5　追肥作業

❶播種後15～25日ほどで胚軸の表層がはく離すること。胚軸を含めた根部の肥大開始の目安となる。

ダイコンとカブの食用部位

　ダイコンを良く観察すると、細根（養水分を吸収する細い根）が出ている部分と出ていない部分があることがわかる。細根の出ている部分は初生皮層のはく離❶後に根が肥大したもの、上部の細根のない部分は胚軸が肥大したものである。また、カブの場合は肥大した部分が胚軸で、下の方に細くなっている部分が根である。ダイコンやカブのように肥大した胚軸部が地上に伸び出す性質のことを抽根性といい、抽根性が強い品種ほど抜きやすい。

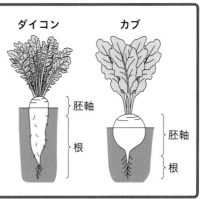

ダイコン　カブ

胚軸

根

胚軸

根

ニンジン

作物の基本情報

根菜類・セリ科
原産地｜中央アジア・アフガニスタン
おもな生産地｜北海道・千葉県・徳島県
（2021年産）

栽培カレンダー

	1月	2月	3月	4月	5月	6月	7月	8月	9月	10月	11月	12月

春まき ○─○ ━━━
夏まき ━━━━ ○──○ ━━━

○ 種まき期間　━ 収穫

おもな病害虫

病気｜黒葉枯病、根腐病、黄化病、モザイク病
害虫｜キアゲハの幼虫、ネコブセンチュウ

図1　五寸ニンジン

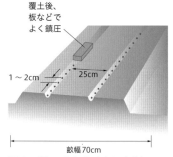

覆土後、
板などで
よく鎮圧

1～2cm　25cm

畝幅70cm

図2　種のまき方（すじまき）

❶ニンジンの種は小さく毛もあり、種まきしにくいが、野菜の種類にあった株間・粒数で均等に種が糸にはさみこまれた「シーダーテープ」（図3）をまき溝に入れ込むことで、種まきの省力化が図れるようになった。シーダーテープの糸は水溶性で、土中の水分で溶けてなくなる。

図3　シーダーテープ

品種とその特徴

　現在栽培されている品種の多くが、15～20cmほどの円錐形をした五寸ニンジン（図1）で、ヨーロッパからアメリカを経て明治に導入された西洋ニンジンと呼ばれるものである。西洋ニンジンはカロテンを多く含み、オレンジ色のものが多い。また、江戸時代に中国経由で導入された品種群は東洋ニンジンと呼ばれ、代表的な品種が「金時ニンジン」である。「金時ニンジン」は、長さ30cmほどの細長い形で、トマトなどに含まれる色素のリコペンが多く、赤い色をしている。

　主要な産地である北海道や徳島県では、古くからある品種の「向陽二号」が作付けされている。最近はニンジン特有のにおいが少なくなり、甘味の強いものが好まれる傾向にある。色のバリエーションが多い野菜で、直売所向けに白・黒・紫のニンジンが栽培されていたり、沖縄県では黄色の在来種「島ニンジン」が栽培されている。

栽培の手順

畑の準備

　種まきの1カ月前までに堆肥を2kg/㎡、苦土石灰を100g/㎡施し耕しておく。ニンジンは生育期間が長いので、種まきの2～3週間前に基肥として緩効性の化成肥料を180g/㎡施し、十分に耕しておく。畝幅は標準とする（70cm）。

種まき

　ニンジンの種子❶は発芽率が低く、発芽に不適な温度や乾燥した環境では発芽しにくい。また、光が当たることで発芽が促進される好光性種子で、発芽をそろえることが、その後の生育に大切である。条間25cmでまき溝を切り、種を1～2cmにすじまきして、光が当たるよう覆土は薄くかけたあと、板などで鎮圧する。種まき後に灌水をし、乾燥を防ぐためにわらやもみ殻でマルチをしたり、べた掛けをするとよい。

基本的特性

温度	発芽適温15〜25℃／生育適温15〜22℃
光	好光性種子で、覆土が厚いと発芽率が低下。弱い光ほど肥大が遅れる。
水	生育前半は多めの方がよく、根の肥大期以降は少なめがよい。
土	耕土が深く、排水性・保水性がよく、有機質が多い土を好む。pH5.5〜6.5

国内生産量と1人当たりの購入量

年	国内生産量（t）	1人当たりの 年間購入量（g）
2021	63万5500	2775
2020	58万5900	2849
2019	59万4900	2694
2018	57万4700	2697

間引き

　間引きは3回に分ける。1回目は葉数2〜3枚のときに行ない3cm間隔にする。2回目は葉数4〜6枚のときに行ない、最終的には株間を12cm間隔にする。間引きが遅れると根の形が悪くなり、生育・収量に影響するので、葉数6枚目までに終わらせる。

中耕・追肥・土寄せ

　種まきの1カ月後に、生育に応じて化成肥料を30〜40g/㎡施す。根首部に光が当たると葉緑素が生成されて緑色になったり、冬季には凍害や霜害で品質が落ちるので、中耕を兼ねて土寄せを行なう。

岐根と裂根

　岐根（又根）は根が複数の股に分かれる生理障害である（図4）。根の直下に濃い化成肥料や未熟堆肥があると発生しやすいので、完熟した堆肥を使い、しっかりと耕すようにする。

　また、根に割れ目が生じる生理障害を裂根（図4）という。根の内部が外部より成長が早いと生じやすい。乾燥したあとの降雨や、収穫が遅れて過熟になったときなどに発生が多くなる。

収穫と保存

　収穫時期は品種によっても異なるが、およそ播種後100〜150日目である。裂根が起きないよう適期に収穫する。収穫後は葉を根元から切り落とし、新聞紙に包んで冷蔵庫に保存するとよい。

図4　岐根（左）と裂根（右）

数少ない根菜の緑黄色野菜

　野菜の分類方法のひとつに「緑黄色野菜」と「淡色野菜」に分ける方法がある。緑黄色野菜は厚生労働省の基準で、「原則として可食部100g当たりカロテン含量が600μg（マイクログラム）以上の野菜」とし、それ以外の野菜を淡色野菜としている。分類の基準となっているオレンジの色素カロテンは多くの植物に存在し、光合成色素（光合成に関わる色素）として葉緑素（クロロフィル）に次いで働いている。そのため、ほとんどの植物では葉や果実など地上部の組織でカロテンが多いのだが、緑黄色野菜であるニンジンが、なぜ光合成をしない根にカロテンをたくさん溜めるのか、まだ解明されていない。

サツマイモ

作物の基本情報

いも類・ヒルガオ科
原産地 ｜ 中央・南アメリカの乾燥地帯
おもな生産地 ｜ 鹿児島県・茨城県・千葉県
　　　　　　　（2021 年産）

栽培カレンダー

1月	2月	3月	4月	5月	6月	7月	8月	9月	10月	11月	12月

□ 定植　　■ 収穫

おもな病害虫

病気 ｜ 立ち枯れ病、黒斑病、黒あざ病
害虫 ｜ ハスモンヨトウ、コガネムシ、ネコブセンチュウ

図1　種子島の在来品種「安納いも」

❶ デンプン用の「シロユタカ」、焼酎用の「コガネセンガン」など。

図2　さし穂の出たサツマイモ

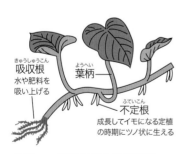

図3　一般的な植え付け方法
サツマイモの根は、切り口から生える細い根（吸収根）と、葉柄の付け根（節）から生える太い根（不定根）の2種類ある。定植は不定根が出た頃に行ない、吸収根は挿すときに切り取ってしまうとよい。

（図中ラベル）
きゅうしゅうこん
吸収根
水や肥料を
吸い上げる

ようへい
葉柄

ふていこん
不定根
成長してイモになる定植
の時期にツノ状に生える

品種とその特徴

　青果用品種は東日本では「ベニアズマ」、西日本では高系14号系統の「鳴門金時」などが多く栽培されている。これらは甘味があり、粉質でホクホクした食感が特徴であるが、最近は甘味が強く粘質で"しっとり""ねっとり"とした「べにはるか」や、鹿児島県種子島の在来品種である「安納いも」（図1）が焼きいも用として人気が高くなっている。また、青果用のほかに加工用、デンプン用、焼酎用などにも用途に適した品種が利用されている❶。

　最近は肉色が黄色だけでなく、紫色やオレンジ色とさまざまな品種がある。

栽培の手順

畑の準備

　植え付けの1週間前までに、堆肥4kg/㎡、化成肥料を10g/㎡施して25 ～ 30cmの深さまで耕しておく。幅は40cmで、水はけをよくするため、高さ30 ～ 40cmの高畝を準備しておく。

イモヅル苗（さし穂）の購入

　イモヅルの長さが25 ～ 30cmで、節（葉がついている部分）が7 ～ 8節あり、茎が太く、葉の厚みがあるものが良い苗である。

植え付け

　気温が15℃程度になって不定根が出た頃、植え付け適期である（図3）。苗がしおれていると活着が悪くなるので30分ほど水に浸け、苗がピンとしてから植え付ける。株間は30cmとし、畝の中央に1条で植え付ける。植え付け方法はいろいろあるが、図3の水平植えや船底植えが一般的である。イモヅルの元の方の節が4 ～ 5節は土の中に入るように植え付ける。

灌水・排水・追肥

　乾燥が続き、活着が心配されるとき以外は灌水しなくてよい。

x

基本的特性

温度	萌芽適温28 〜 32℃ 生育適温22 〜 30℃ ※萌芽：種イモなどから芽が出てきた状態。
光	十分な日光が必要。
水	乾燥と高温に強い。
土	肥料分の少ない土がよい。連作ができる。 pH5.5 〜 6.0

国内生産量と1人当たりの購入量

年	国内生産量（t）	1人当たりの 年間購入量（g）
2021	67万1900	869
2020	68万7600	908
2019	74万9000	867
2018	79万6500	882

逆に、梅雨どきに排水不良にならないよう注意する。肥料（特に窒素）が多すぎるとツルボケ❷の原因となるので、追肥は基本的には行なわず、生育が悪い場合にのみ行なう。

中耕による雑草防除と土寄せ

植え付け後、ツルの生育は遅いため1カ月は除草を目的とした中耕と、軽い土寄せを株元に行なう。やがてツルが畝全体を覆うため、除草は不要となる。ツルが茂ってきたらツル返し❸を行なう。

収穫と保存

サツマイモは、植え付けたツルの節から出た根の一部が肥大する（図4）。葉や茎が黄色くなり始めたら収穫の適期である。霜に当たると傷みやすくなるので、霜が降りる前に収穫する。まず、ツルの株元を20㎝くらい残して切り離す。続いて、長く伸びたツルを少しずつ切り、畝の外に出す。そうすると最初にイモの苗を植えた場所がわかるので、その周囲の土を外側から丁寧にスコップで崩し、イモを傷つけないように収穫を行なう。

サツマイモは、収穫直後よりも2 〜 3週間後の方が糖度が増しておいしくなる。収穫後は新聞紙に包み、空気穴をあけた段ボールに入れて、日の当たらない場所に置くとよい。

❷ツルだけが繁茂して、イモが肥大しない現象（下記参照）。

❸畝を覆ったツルを引っ張り、ツルの節から出た根を引きはがして反転する作業。芋になる養分が分散しないように、植え付けた部分の芋だけを肥大させるために行なう。ただし、現在の品種は節の根が芋になることはないので、行なわない場合が多い。

図4　サツマイモのつき方

ツルボケ

サツマイモの生育では、茎や葉の伸長とイモの肥大が並行して進む。その伸長と肥大は、根から吸収される窒素肥料とカリウム肥料のバランスによって変わってくる。窒素肥料は茎葉の伸長を促し、カリウム肥料はイモの肥大を促す。窒素肥料が過度になると、ツルばかりが勢いよく伸びる「ツルボケ」という状態になる。一見、元気に生育しているようだが、成長が葉の成長に片寄るだけでなく、下の葉に光が当たらないため光合成量が低下してしまい、葉でつくられた養分がイモの肥大に回らず収量が低下する。また、排水不良や植え付け後の高温乾燥などもツルボケの原因となる。

ジャガイモ

作物の基本情報

いも類・ナス科
原産地｜南米アンデス中南部
おもな生産地｜北海道・鹿児島県・長崎県
　　　　　　　　（2021年産）

栽培カレンダー

1月	2月	3月	4月	5月	6月	7月	8月	9月	10月	11月	12月

春ジャガ □━━━━━━■■■■

秋ジャガ 　　　　　　　　　□━━━━━━■■■

□ 定植　　■ 収穫

おもな病害虫

病気｜疫病、そうか病、軟腐病
害虫｜ニジュウヤホシテントウ、ヨトウムシ類

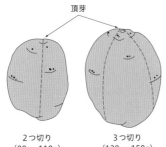

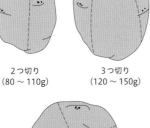

頂芽

2つ切り
（80～110g）

3つ切り
（120～150g）

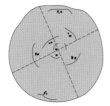

4つ切り
（160gを超えるもの）

図1　種イモの切り分け方
（資料：農文協「作物」）

図2　そうか病

❶イモの表面にかさぶた状の褐変したくぼみが発生する病気。pH7.0以上（アルカリ性）の土壌で発生が多くなる。
❷種イモの萌芽を早め、芽の徒長を防ぐために、植え付け前に太陽の光に3週間ほど当てて、芽を1cmほど伸ばす作業。

品種とその特徴

　ジャガイモは青果用品種、加工用品種、デンプン原料用品種とそれらの兼用種に分かれている。青果用の最も代表的な品種は「男爵いも」である。加工用はポテトチップスなどに使われ、油で揚げても褐変しにくく、デンプン量が多くて糖度が低い「トヨシロ」などがある。北海道で生産が多いデンプン原料用では、デンプン含量が多い「コナフブキ」の栽培面積が一番多くなっている。

栽培の手順

畑の準備

　植え付けの1週間前までに堆肥4kg／㎡、化成肥料を100g／㎡施して20cmくらいの深さまで耕しておく。土がpH5以下になっていない限り「そうか病❶（図2）」を予防するために石灰は施さない。

種イモの準備

　ジャガイモは病気の拡大を防ぐために種イモの検査が行なわれている。必ず検査に合格している種イモを購入する。
　ジャガイモの表面にはいくつかの芽がついている。この芽は、収穫後しばらくの間は成長しないように休眠している。植え付ける時期は、芽が休眠から覚めて成長を始めてからとなる。
　種イモは、ひとつ80gくらいまでなら切らずに使うが、それより大きい場合はひとつが40～50gになるように切り分ける（図1）。芽が多い部分（頂芽）を上にして、平均に芽が残るように、縦に切り分ける。切ったイモは、腐敗防止のため風通しの良い場所で乾かす。浴光育芽❷を行なうと、植え付けに適した強く短い芽が出る。

植え付け

　種イモを植える場所に深さ約10cmの溝をつくり、その溝の上に切り口を下にして種イモを25～30cm間隔で置く。その後、溝を埋めるように種イモに土をかける。

■ 基本的特性

温度	萌芽適温10〜20℃ 生育適温15〜23℃ ※ほう芽：種イモなどから芽が出てきた状態。
光	十分な日光が必要。
水	水はけを求める。
土	弱酸性を好み、アルカリ性では、そうか病が出やすい。連作障害が出やすい。pH5.5〜6.0

■ 国内生産量と1人当たりの購入量

年	国内生産量（t）	1人当たりの 年間購入量（g）
2021	217万5000	2977
2020	220万5000	3349
2019	239万9000	3186
2018	226万0000	3182

芽かき作業

植え付け後、3〜4週間で土の上に芽が出てくる。草丈が10〜15cmになったら、元気な芽を1〜3本残し、ほかはかき取る（芽かき）。こうすることで大きくそろったイモを収穫できる。芽を上に引っ張ると植えたイモが引き上げられるので、残す芽の近くを手で押さえ、かき取る芽を横に引っ張るようにする。

土寄せと追肥

土寄せのおもな目的は、イモの肥大を促すとともに、イモが土の表面に出て緑化（下記参照）しないようにすることである。

1回目は芽かき作業のあとに、株元に4〜5cm盛り上げるように土を寄せる（図3）。2回目は1回目の土寄せの2週間後に、株元に10cmほど土を盛る。水が溜まると病気にかかりやすくなるので、くぼみができないように土寄せを行なう。

追肥は1回目の土寄せの際に、株と株の間に化成肥料を20g/㎡施すようにする。茎葉の生育が旺盛な場合は、追肥を止めておく。

収穫と保存

葉の色が黄色くなってきたら収穫時期である。土が乾いている時に掘ると保存性が高まる。収穫後のイモは、日陰に平らに置いて半日ほど表面を乾燥させる。光が入らないように段ボールなどに入れ、日の当たらない場所で保存する。

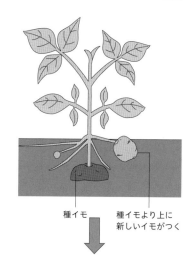

種イモ　　種イモより上に新しいイモがつく

図3　土寄せ前の状態（上）と土寄せした状態（下）

ジャガイモの芽や緑化に注意

ジャガイモの芽には有毒物質であるグリコアルカロイドの一種のソラニンやチャコニンが含まれている。新ジャガや適正に保存されたジャガイモは、その有毒物質がごく微量なので健康に害を与えることはないが、芽が成長し始めるときや光に当たって緑化したときに増加し、下痢、おう吐、腹痛、頭痛、めまいなどの症状をもたらすことがある。調理の際には、ジャガイモの芽は完全に取り除き、緑色になっている部分は皮を厚くむくようにする。なお、グリコアルカロイドは、茹でても分解しない。保存の際はジャガイモに光が当たらないように注意する。

ラッカセイ（落花生）

■ 作物の基本情報

豆類
原産地｜南米アンデス山麓
おもな生産地｜千葉県・茨城県
（2021年産）

■ 栽培カレンダー

栽培地	1	2	3	4	5	6	7	8	9	10	11	12
寒冷地 寒涼地					●●	━━━	━	━	━	■	■	
一般地				●	━●	━━━	━	━	━	■	■	
暖地				●	━●━	━●━	━	━	━	■	■	

●：種まき、━━：育苗・生育、■：収穫

■ おもな病害虫

病気｜灰色かび病、黒渋病、褐斑病など
害虫｜コガネムシやアブラムシなど

図1　大粒種（千葉半立）

表1　主な品種の特性

品種	草型	早晩性	収穫期（開花後）
千葉半立	半立性	晩生	95日
ナカテユタカ	立性	中生	80日
郷の香	立性	極早生	70〜75日
おおまさり	半立性	晩生	85日
Qなっつ	立性	やや早生	80日

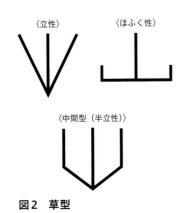

図2　草型

（図中：〈立性〉　〈ほふく性〉　〈中間型（半立性）〉）

品種とその特徴

　ラッカセイはほかの豆類と違い、地中で結実する特徴がある。世界中に様々な品種があるが、1つの殻の中に入っている実の大きさと数から、一般に食用となる「大粒種（実が2個）」（図1）と油や加工品に用いられる「小粒種（実が3〜4個）」に分けられる。

　日本で栽培されているほとんどは大粒種であるが、海外ではおもに食用油の生産として小粒種が栽培されている。草型（図2）から分類すると、側枝が比較的直立する「立性」、側枝が地面を這う「ほふく性」、その「中間型（半立）」に分けられ、さらに早生種、中生種、晩生種に分けられる（表1）。日本で一般的に栽培されている代表的な品種には次のようなものがある。

千葉半立（ちばはんだち）　やや大粒で多収ではないが、煎り豆にしたときの食味が良く、濃厚で独特な風味がある。千葉県で最も多く栽培されている（図1）。

ナカテユタカ　収量性が高く、野菜作後の肥沃な畑での栽培に適している。大粒で粒揃いがよく、煎り豆にしたときの食味はあっさりとした甘味がある。

郷の香（さとのか）　収量性が高く、やや大粒で莢が薄く白いのが特徴で、茹でたときの味わいが深く、おもに茹で落花生として販売されている。

おおまさり　実の重さがほかの品種の約2倍で、ふっくらした形をしており、茹で落花生に適している。甘味が強くて柔らかく、栗のような風味がある。

Qなっつ（きゅーなっつ）　莢は白く、煎り豆に適している。他品種にはない甘味とうま味があり、後味はすっきりしている。「これまでのピーナッツを超える味」という意味を込めて、アルファベットの"P"の次である"Q"＋"ナッツ"と名付けられた愛称。正式品種名は「千葉P114号」という。

■基本的特性

温度	発芽気温20℃前後 生育適温15〜25℃
光	多日照を好む。
水	排水良好なほ場を好む。
土	中酸性〜弱酸性（pH6.0〜6.5）石灰に富み、適度の有機質を含む砂質土壌を好む。

■国内生産量と年間消費量

年	国内生産量 （むき実換算t）	国内消費量 （国内生産量と輸入量） の計むき実換算t
2020	8320	9万1891
2019	7812	9万5335
2018	9828	9万8972
2017	9702	9万9178

栽培の手順

畑の準備

　種まき予定日の2週間以上前に、土壌がpH6〜6.5になるよう苦土石灰をまいて耕しておく。1週間前に堆肥と化成肥料をまいて再度耕し、幅70cmの畝を作る。1㎡当たりの施肥量は堆肥2kg、化成肥料50gを施す。ラッカセイの根には根粒菌が付き、空気中の窒素を固定して土壌を肥沃にしてくれるため、肥料の窒素成分は少なくてよい。逆に、窒素成分が多いと枝葉ばかりが茂って実つきが悪くなる。地温上昇と雑草防止を兼ねて、黒のポリマルチをするとよい。

種まきと間引き

　種まき前に直径5cm、深さ2〜3cmの種まき穴を約30cm間隔に作る。サヤを割って薄皮付きのまま種を取り出し、それを1カ所のまき穴に1〜2粒まく。2〜3cm覆土を行なうが、種は湿気に弱く腐りやすいため水やりは行わない。約1週間ほどで発芽し、本葉3〜4枚になったら1株に間引く。

　種まき後、発芽したての時期に鳥の食害を受けるので、ネットなどで畝を覆って鳥除けをする。草丈が10cm程度になれば鳥の害は心配なくなる。

　なお育苗してから定植する場合は、本葉2〜3枚の苗を植えるとよい。

実のつき方

　開花が始まると咲いた花は自家受粉を行ったあと、翌日にはしおれて枯れる。2〜3日後に枯れた花のつけ根から子房柄が下向きに伸びて、土中に潜っていく（図3）。深さ3〜5cmに達すると、その先端がふくらみ始め、そこに鞘ができ、その鞘の中で豆が育つ（図4）。花が落ちて実が生まれることから「落花生」と呼ばれる。

図3　土中に潜る子房柄

落花生の花は早朝に咲く。　　花は昼にはしぼむ。

受精後1週間ほどで子房のもとが伸び、根のように下を向く。　　子房柄は、土に向かって伸び、やがて土に刺さる。

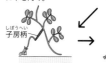
子房柄

土の中3〜5cmのところで子房柄の先が水平に曲がってふくらみ、そこに鞘ができて、豆が育つ。

図4　実ができるまで
（資料：全国落花生豆菓子協同組合連合会
『落花生はどうやってできるの？』）

追肥・中耕・土寄せ・灌水

　追肥は基肥を中心とし、生育状態を見て肥料が不足しているようなら、開花を始めた時期に化成肥料を1㎡当たり約30g施す。その後、子房柄が地中に入りやすくするため、畝の表面を軽く耕す中耕を行い柔らかく通気性の良い土にし、続いて子房柄が潜り込みやすい土量にするために土寄せを行なう。その後花は次々と咲き、たくさんの子房柄が地中に潜っていくので1回目の土寄せから15〜20日後、2回目の追肥（生育状態を見て）と子房柄を傷めないように土寄せを行なう。開花から実が成長する期間は十分に灌水を行なう。

　なお、ポリマルチでマルチングをしている場合は、開花を確認したら子房柄が土の中へ潜り込む前（開花後10日〜2週間以内）にポリマルチを除去する。

収穫

　茎や葉が黄ばみ、一部下葉が枯れ始めたら試し掘りしてみる。地下部に着生している鞘がふくらみ、網目模様がはっきりしていれば収穫適期である。株の周りにスコップを入れ、株全体を持ち上げるように掘り取る。収穫後は土を落とし、鞘の付いた方を上に向けて10日間ほど天日干しする。その後、鞘をとって水洗いし、再び天日乾燥させると長期保存ができる。時間をかけて乾燥させることで渋みが抜け、甘味と風味が増す。また掘りたてを洗い、すぐに鞘ごと塩茹ですれば、茹でラッカセイを味わうことができる。

ラッカセイのお薦めの食べ方と注意点

　ラッカセイの渋皮には、抗酸化作用をもつポリフェノールの一種であるレスベラトロールが多く含まれ、加齢による細胞の老化防止には渋皮ごと食べるのがよい。渋皮が気になる方には皮が薄く、皮付きでも食べやすい「Qなっつ」がお薦め。ただし、ラッカセイは厚生労働省より指定されているアレルゲンとしての表示義務のある7品目の1つで、ラッカセイアレルギーのある方は注意が必要である。
※アレルゲンを含む食品の表示が義務化されている特定原材料7品目（厚生労働省の省令・通知による規定）はラッカセイ、そば、卵、乳、小麦、エビ、カニ。

ラッカセイの花

5月	6月	7月	8月	9月	10月
	幼苗期間	茎葉の生育・開花期	子房柄・さやの肥大期	登熟期間	

播種　出芽　開花始め　有効開花終わり　葉の黄化　成熟

マルチ　施肥・播種　除草剤散布　中耕　中耕・土寄せ　病害虫防除　収穫

ラッカセイの収穫

図5　ラッカセイの生育とおもな作業

メロン

■ 作物の基本情報

果実的野菜・ウリ科
原産地｜東アフリカ地方、中近東地方
おもな生産地｜茨城県・熊本県・北海道、
山形県・青森県（2021年産）

■ 栽培カレンダー

	1月	2月	3月	4月	5月	6月	7月	8月	9月	10月	11月	12月
冷涼地				●━□	□			■■				
中間地			●━□	□			■■					
温暖地			●━□	□			■■					

●：種まき、□：定植、■：収穫

■ おもな病害虫

病気｜べと病、つる枯病、うどんこ病、疫病（えきびょう）など
害虫｜アブラムシ類、アザミウマ類、コナジラミ類、ハモグリバエ類など

品種とその特徴

　メロンの種類分けの指標には、①皮の網目の有無（ネット系とノーネット系）と、②果肉の色の違い（赤肉系、青肉系、白肉系）がある。メロンの皮の網目は、果肉が肥大する時に皮がはじけてヒビ割れができ、これをふさごうとしてできたコルク層がネット状になったものである。ネット系の赤肉系には（夕張キング、クインシー）、青肉系には（マスク、アンデス、オトメ）、白肉系には（グランドール、新芳露（しんほうろう））等の品種がある。ネット系は濃厚な甘味で香りが強いものが多く、マスクメロンのように1株に1個を育てる高級品がある。網目のないノーネット系青肉系には（プリンス）、白色系には（ホームラン、キンショウ、ハニーデュー【米国・メキシコ産】）等の品種がある。ノーネット系は、高価なメロンを身近なものに変えたプリンスメロンのように、比較的安価なものが多く、ハニーデューなど輸入メロンは、ほとんどがノーネット系の品種である。

栽培の手順

畑の準備

　メロンは果菜類のなかでも根の酸素要求度が高い作物で、通気性と排水性の良い土壌が適している。植え付けの2カ月前に、完熟堆肥と土の酸性を矯正（pH6.0～6.5）するために炭酸苦土石灰を施用して耕す。肥料の吸肥量は品種により異なるが、一般的にノーネット系のメロンはネット系に比べて少なく、多肥栽培すると果形の乱れ、果皮の色抜け、裂果などが発生しやすい。ノーネット系の場合の基肥の施肥成分量として、窒素、リン酸、カリウムそれぞれ10～15g/㎡を定植7～10日前に施し、しっかり耕す。その後、畝幅2～2.5mとして中央に幅1mの畝盛りをし、排水性を高めた畝づくりを行なう。畝にはポリフィルムマルチを張り、植え床の温度を高めておく。

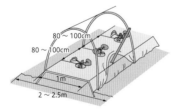

図1　畑の準備と定植
2～2.5m幅の畝の中央に1m幅のポリマルチとビニールトンネルをする。ポリマルチの中央に80～100cm間隔で植える。
（資料：タキイ種苗『イラスト家庭菜園』メロン）

❶草勢調整のために残すツルのことで、遊びヅルによって先端の成長点が確保されることで根の活性が保たれ、収穫前に草勢が衰えてしまうのを防止する役目がある。

■基本的特性

温度	発芽適温 25 ～ 30℃ 生育適温 20 ～ 28℃
光	日長と無関係に花芽分化が起こる中日 （中性）植物。
水	果菜類の中でも酸素要求量が高く、排 水、通気の良い土壌条件を好む。
土	pH6.0 ～ 6.5

■国内生産量と1人当たりの購入量

年	国内生産量（t）	1人当たりの 年間購入量（g）
2021	15万0000	506
2020	14万7900	578
2019	15万6000	564
2018	15万2900	606

苗の購入・定植

　苗を購入する場合は、本葉が3～4枚で葉色が濃く、葉肉が厚くて節間がつまっているものを選ぶ。また、ツル割れ病など病害対策として、接ぎ木苗を利用するとよい。定植時期の目安は最低気温14℃、最低地温16～18℃以上になった頃で、トンネル栽培を行なう場合は、4月中旬からになる。定植は株間80～100cmとし、畝の中央に浅植えしたあと、透明のビニールをかける。メロンの生育に適する地温は20～28℃で、定植から根の活着までの地温確保がポイントとなり、その後の生育を大きく左右する。

着花習性・整枝

　メロンは、日長と関係なく花芽分化が起こる中日植物で、同じ株の中に両性花（→p.79〈花のつくり〉の項参照）と雄花をつける両性雄性同株型、あるいは雌花と雄花をつける雌雄同株型がある。

　地這いのメロン栽培では、子ヅル2本仕立ての4果収穫（1ツル2果）が一般的である。図2のように、定植後本葉4～5枚のときに摘芯し、子ヅルを2本伸ばす。子ヅルからは孫ヅルが発生し、雌花がその孫ヅルの第1節に、雄花は子ヅルに着生する。

　子ヅルの先端は、交配の2～3日前に25節前後で摘芯し、摘芯された下から発生する孫ヅルの3本は遊びヅル❶として残し、他は除去する。

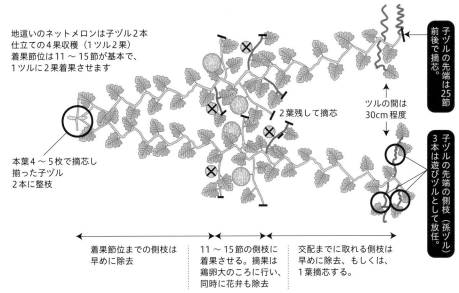

地這いのネットメロンは子ヅル2本仕立ての4果収穫（1ツル2果）着果節位は11～15節が基本で、1ツルに2果着果させます

本葉4～5枚で摘芯し揃った子ヅル2本に整枝

2葉残して摘芯

子ヅルの先端は25節前後で摘芯。

ツルの間は30cm程度

子ヅルの先端の側枝（孫ヅル）3本は遊びヅルとして放任。

着果節位までの側枝は早めに除去

11～15節の側枝に着果させる。摘果は鶏卵大のころに行い、同時に花弁も除去

交配までに取れる側枝は早めに除去、もしくは、1葉摘芯する。

図2　子ヅル2本仕立ての4果収穫

（資料：タキイ種苗『イラスト家庭菜園』メロン）

雄しべを
雌しべの
先端につける

図3　人工授粉
(資料:タキイ種苗『イラスト家庭菜園』メロン)

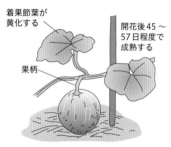

着果節葉が
黄化する

果柄

開花後45〜
57日程度で
成熟する

図4　適期収穫のタイミング
(資料:タキイ種苗『イラスト家庭菜園』メロン)

受粉・追肥

　露地栽培ではミツバチによって受粉が行なわれるが、確実に着果するには人工授粉するのがよい。最低気温が15℃以上の晴れた日の午前中に、図3のように雄しべを摘んで、雌しべの先端に着ける。なお受粉後、受精が完了するには気温20℃で24時間ほど必要とされているので、受粉後の保温にも配慮する。

　メロン栽培は比較的短期で、追肥は砂地以外の土壌では基本的に行なわない。収穫前の糖度上昇期はほとんど肥料吸収せず、この時期に養水分の吸収が活発だと糖度不足や裂果の原因となる。

摘果

　受粉後7〜10日して果実が鶏卵大に発育した頃、1ツル当たり2果を残して摘果する。

収穫

　果実の肥大は、受粉後10〜15日が最も盛んになる。収穫期は品種や作型によっても異なるが、開花後45〜57日程度が目安となる。適期収穫の判断ポイントは図4のように、着果枝の葉枯れや果梗部に離層ができてヒビが入るなどの外観によって判断を行なう。

メロンのネットはどうできるか

　メロンのネットは、果実の表皮細胞が硬くなってきた果実の表面で発生する一種の裂果現象で、内部の果肉の肥大に果皮の成長がともなわないことで起こるヒビである。亀裂ができた組織の内側に形成層ができて、そこから傷口に向かって細胞が増えて傷口をふさぎ、最後には果皮よりも盛り上がる。これがネットである。ネットのでき方は最初は縦にヒビが入り、次に横、しだいにネットができていく。農家の人たちは、メロンの皮が硬くなる前に水を止め、内側の実の成長の度合いを調整することできれいな網目模様をつくる。これが農家の腕の見せどころとなる。

図5　メロンの苗

図6　メロンの花

図7　露地メロン

果樹全般（果実類）

果樹の分類

果樹には、冬に葉が落ちる落葉果樹と、1年を通して葉がついている常緑果樹があり、次のような種類がある。
- 落葉果樹（リンゴ・ナシ・モモ・カキ・クリ・ブドウなど）
- 常緑果樹（カンキツ・ビワなど）

果樹生育の基本

果樹は「桃栗3年、柿8年」といわれるように、育ち始めて数年は体を大きくする栄養成長が行われる。その後は1年のなかで栄養成長と生殖成長が並行して進み、それが何年もの間繰り返される。

1年の中での栄養成長と生殖成長の進み方を「生育サイクル」と呼び、果樹生育の基本を知るために大切である。

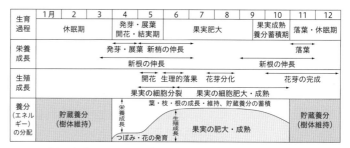

生育過程	1月	2	3	4	5	6	7	8	9	10	11	12
生育過程	休眠期			発芽・展葉 開花・結実期		果実肥大			果実成熟 養分蓄積期		落葉・休眠期	

図1　果樹の生育サイクル　（落葉果樹の例）　（資料：農文協「果樹」）

生育サイクルは大きく1.発芽・開花・結果期、2.果実肥大期、3.果実成熟・養分蓄積期、4.休眠期の4つに分けられる（図1）。これらを季節に沿って説明する。

春

冬に休眠（＊冬の項参照）していた果樹は、春に気温が上がってくると休眠から目覚め、根や枝に蓄えられていた貯蔵養分（＊秋の項参照）が樹体全体に送られ、芽や根が活動を始める。

果樹の芽には、葉や枝となって樹体を大きく成長させる葉芽と花を咲かせ実になる花芽とがある。葉芽も花芽もしばらくの間は冬に蓄えられていた貯蔵養分を使って成長する。

◆**葉芽と花芽**　葉芽の中には、葉になる組織と枝になる組織が入っている。休眠から覚めた葉芽は、貯蔵養分を使って成長を始

め発芽する。発芽後、1枚1枚の葉が開いてくることを展葉という。

　花芽には花になる組織が入っている。果樹の種類によっては花芽の中に葉や枝になる組織が一緒に入っているものがある。

　ウメやモモの花芽は花になる組織だけの純正花芽で、リンゴやカキ、カンキツ類の花芽は葉と枝になる組織が一緒に入っている混合花芽である（図2）。

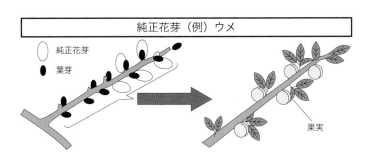

純正花芽（例）ウメ

○ 純正花芽

● 葉芽

果実

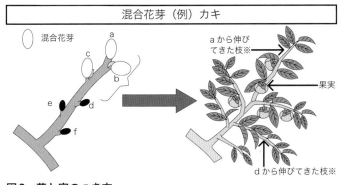

混合花芽（例）カキ

○ 混合花芽

a
c
b
e
d
f

aから伸びてきた枝※

果実

dから伸びてきた枝※

図2　芽と実のつき方
※aの混合花芽から伸びた枝は、花がつき実が成る
※dの葉芽から伸びた枝は、花はつかない

◆**開花・受粉・結実**　純正花芽のウメやモモは、暖地では開花したあとに葉芽が展葉するが、涼しい気候ではほぼ同時期に開花・展葉する。混合花芽のリンゴ・ナシなどは展葉したあと、間もなく開花する。同じく混合花芽のカンキツ類・ブドウ・カキなどは、発芽、展葉したあと、新しい枝（新梢）が伸びて、その枝に開花する。

　開花した花は受粉が行なわれる。モモやブドウなどは同一品種の花粉による自家受粉で受精が行なわれて種子ができ、結実する。

　リンゴ・ナシ・ウメ・クリなどでは、同一品種の花粉では自家受粉できないことが多いので、ほかの品種を受粉樹❶として育て、他家受粉によって結実させる（表1）。

　また、カキ、温州ミカン・イチジク・バナナなどは受粉・受精が行なわれなくても結実する性質（単為結果性）があり、種なしの果実となる。

　ブドウは、ジベレリン処理❷することで、単為結果する。

❶収穫したい果樹の受精を確実にするために育てる、花粉量の多い異なる品種の果樹。カキは同じ木に雄花と雌花がつく雌雄同株だが、雌花しかつけない品種が多い。単為結果性があるので結実するが、受粉して種ができると甘味が増すため、甘柿の王様「富有柿」などは、受粉させるために雄花を多く着ける品種（禅寺丸など）を受粉樹として近くに植えたりする。

❷ブドウのジベレリン処理は、植物ホルモンの一種であるジベレリン水溶液にブドウの花穂を浸して行なう。処理することで種なしブドウになるほか、熟期も3週間ほど早まる。処理は、開花予定日を挟んで2回行なう。1回目は種なしにするための開花前処理、2回目は肥大・成熟の促進を目的に開花後処理を行なう。

表1　リンゴ品種の受粉樹適性

		受粉樹			
		ふじ	陸奥	つがる	王林
品種	ふじ	×	×	◎	○
	陸奥	○	×	◎	○
	つがる	○	×	×	○
	王林	○	×	○	×

◎：76％以上の結実率
○：51～75％の結実率
×：25％以下の結実率

（資料：岡山県果樹栽培指針）

夏

　貯蔵養分を利用して成長してきた果樹は、気温が高くなってくると、根から吸収した養分や展葉した葉の光合成でつくられた養分を利用して、枝葉の成長や果実の肥大をするようになる。この養分の切り替え時期を「養分転換期」という。

　この養分転換期は梅雨期に当たるため、光合成でつくられる養分が不足しやすくなる。また、果実の数が多すぎると、1つひとつの果実に養分が回らなくなるので、果樹は自ら果実を落果させることによって果実の数を減らし、残った果実に養分が回るようにする。このことを「生理的落果（ジューンドロップ）❸」という。

　春から伸びてきた新梢は7月頃に伸長が止まり、花芽分化をする。分化した花芽の中では休眠期に入るまでに花弁、雄しべなどの花の器官がつくられる。

❸生理的落果は6月頃に起きることが多いので、ジューンドロップと呼ばれている。

秋

　果実は肥大最盛期を過ぎると、肥大が緩やかになり、収穫期（成熟期）を迎える。果実の収穫直後、果実の肥大による樹体の衰弱を癒し、翌年の成長に必要な貯蔵養分をできるだけ多く樹内に蓄積させることが必要となる❹。

　ほとんどの果樹では、盛夏期には根の成長が一時的に休止するが、秋になると再び根は活発に成長を始め、吸収した肥料分は樹勢を回復させ、それによって光合成を活発にし、樹体内の貯蔵養分を増やすように働く。貯蔵養分は樹体の耐寒性を高めるとともに、翌春の成長のための栄養源として利用される（＊春の項参照）。

❹この時期に、貯蔵養分を蓄積する目的で施す肥料を秋肥と呼ぶ。秋肥は徐々に気温が下がる時期に施用することになるので、施用時期が遅れてしまうと、細根の活動が低下し、肥料成分の吸収が悪くなり十分な効果を得ることができない。

冬

　芽は9月中旬から生理的な休眠（自発休眠）に入り、10～11月頃が最も深くなる。その後、一定の低温期間にあうと徐々に休眠から覚め、2月頃には大部分の果樹の芽は、生理的な眠りから覚めるが、気温が低い状態が続くと休眠から覚めない状態（他発休眠）が続く。その後、気温が高くなってくると他発休眠から目覚めて活動を開始する。

　秋から冬にかけ、木が徐々に寒さにあうにつれて耐寒性が強まり、氷点下の気温に耐えることができるようになる。これはハードニングと呼ばれ、水分量の減少と糖含量の増加により、樹液の融点を低下させるなどの変化で耐寒性が高まる。貯蔵養分が十分でないと、耐寒性が弱い木となる。

図3　さくらんぼ

図4　桃

図5　柿

図6　シャインマスカット

図7　温州みかん

監修者

梶谷 正義 元東京都立農業関係高等学校教諭

柴田 一 元東京都立学校農業関係教諭

竹中 真紀子 東京家政学院大学現代生活学部現代家政学科教授

参考文献一覧

〈教科書関連〉 実教出版「野菜」／農文協「作物」／農文協「野菜」
〈その他〉 米国農務省、2019／20予測値／農林水産省「世界の穀物需給及び価格の推移2020年2月」／農林水産省ウェブサイト「食料自給率とは」／農林水産省「平成29年度食料自給率・食料自給率指標について」／農林水産省「農林業センサス」、「農業構造動態調査」／農林水産省「耕地及び作付面積統計」／農林水産省「農林業センサス2015」／農林水産省「平成29年生産農業所得統計」／農林水産省「6次産業化総合調査」／農林水産省「農村女性による起業活動実態調査」／株式会社日本政策金融行子公庫「雇用状況等の動向に関わる調査（平成28年調査）」／日本エネルギー経済研究所計量分析ユニット「EDMC-エネルギー・経済統計要覧2019年版」省エネルギーセンター／札幌市ウェブサイト「カッコー先生の生物多様性Q&A講座」／農林水産省「農業生産活動に伴う環境影響について」／農林水産省「食生活指針の解説要領」／簡単栄養andカロリー計算ウェブサイト／農文協「食の検定公式テキストブック」／東京都福祉保健局「大切です!食品表示」／消費者庁「早わかり食品表示ガイド」／JA全中「ファクトブック2015」／奥村彪生「和食の基本がわかる本」農文協／タキイ種苗株式会社ウェブサイト「タネの発芽不良の原因と対策」／米山伸吾「家庭菜園の病気と害虫」農文協／日本土壌協会「土壌診断によるバランスのとれた土づくり」／タキイ種苗株式会社ウェブサイト「野菜の肥料の効かせ方のタイプ」／堀江 武「農業のきほん」誠文堂新光社／豊後高田市ウェブサイト「e-野菜のつくり方」／農文協「のらのら」

写真提供者

PIXTA／石井尊生／長野県農政部／大分県豊後高田市／農研機構／株式会社誠和／赤松富仁／新潟県佐渡市／小倉隆人／千葉寛／岩下守／倉持正実／高知県農業技術センター／愛知県農業総合試験場環境基盤研究部病害虫防除室／農研機構野菜花き研究部門／北海道立総合研究機構上川農業試験場／矢郷桃／木村裕

改訂新版 日本の農と食を学ぶ 中級編
― 日本農業検定2級対応 ―

日本農業検定 事務局 編

2024年5月31日 発行

編者 日本農業検定 事務局

発行 一般社団法人全国農協観光協会
〒101-0021 東京都千代田区外神田1-16-8 GEEKS AKIHABARA 4階
日本農業検定 事務局
電話 03-5297-0325

発売 一般社団法人農山漁村文化協会
〒335-0022 埼玉県戸田市上戸田2-2-2
電話 048-233-9351（営業） 048-233-9374（編集）
FAX 048-299-2812

制作 ㈱農文協プロダクション ISBN978-4-540-24137-6
印刷・製本 協和オフセット印刷㈱
© 一般社団法人全国農協観光協会 2024 Printed in Japan
定価はカバーに表示 〈検印廃止〉

乱丁、落丁本はお取り替えします。